家庭財務管理入門

消費分析 × 儲蓄觀念 × 投資要點，細談理財觀念和盈利法則

埃爾伍德・洛依德 ——著　胡彧 ——譯

How to
Finance Home Life

「投資」VS「投機」，你搞清楚了嗎？

關於投資理財的道理許多人都略知一二，但你真的明白其中的門道嗎？
不知道哪支股票比較優、保險應該怎麼買，甚至遺產該如何提前分配？
那些想一夜暴富的「投機」心理，正是所有投資失敗者的通病！
歐美暢銷書榜歷久不衰的理財書，輕鬆分析各種投資訣竅與金融知識！

目錄

CONTENTS

CONTENTS

CONTENTS

經營家庭如同經營一份事業

小約翰·卡爾文·柯立芝（John Calvin Coolidge, Jr., 1872-1933）[1] 確實是為美國家庭生活經營創造出的一個優秀典範，他的家庭並不是以巨大的財富和耀眼的名聲著稱。他出生在佛蒙特州藍山腳下的一個村莊，他的父親一生都用傳統方式處理家庭瑣事，而他的苦心經營，終於迎來了他偉大兒子的降臨。

但是正因為佛蒙特州的家為總統柯立芝提供了良好的家庭生活基礎，他在談到全美家庭生活結構的問題時，語氣充滿了自信與中肯。以下是柯立芝總統這段談話的書面摘錄：

「社會依賴家庭，這是我們國家制度的基礎；家庭生活承載著我們美好的童年回憶、我們趨於成熟的收穫，以及我們上了年紀後處事泰然的作風。一個人如果視家庭是神聖的，那麼他的人格就會堅強有力，不可能被輕易摧毀。」

愛國主義只是個人對家庭的愛的延伸。一個由家庭為單位構成的民族，是一個充滿愛國氣息和凝聚力的民族，身為公民的我們，應像愛護自己的家園一樣，愛護我們的國家；沒有家就沒有愛國主義，國家也就不存在。

當然，我們都希望擁有一個家，有時也期望擁有一個屬於自己的家，但我們往往沒有考慮到，家不僅是一個明確的居

1　譯注：曾於 1923-1929 年任美國總統。

所，它還和所有其他商業機構一樣要營利。對於家庭來說，營利就是要獲得幸福，因此家庭必須要建立在堅實可靠的基礎上。

家庭建立初期一定要充分、合理地經營它，一定要保證某些理財基金的支出和日常開銷費用。家裡必須有一份備用金，以應付突發事件和緊急情況的支出，家裡必須有關於延長和擴充消費的具體規定，且必須備有應對債券到期、利息暫停狀況的腹案，及應避免破產或家庭解構等現象出現。

如果家庭中的任何一個人想開始經營某個生意，那麼在投資之前，必須至少要對這個生意的最基本相關知識有所了解。

建立一個家庭就如同經營一份事業，家庭的經營就是要創造幸福、美滿、堅定和正直的公民。所以，這當然是一項重要的經營。

那麼下面讓我們盡可能去獲得更多的相關資訊，並從這些有力的資訊中，找到經營家庭這門事業的正確方法。

第 1 章
預算與開銷

面對現實

當建築師被諮詢設計一套房屋時，他首先想了解的事情是建築商能支付或想支付多少預算。在他設計房屋之前，建築師要考慮到他在開支方面的局限性。拿到預算的資料後，建築師才會使用專業知識和技能，在不超支的情況下設計出一套最適合、最可取、最具實用性的一套房子。

當技術精湛的外科醫生被要求去做外科手術時，他首先要了解的是患者的身體狀況。他能掌握自己的技術，但他還必須知道自己工作對象的狀況，包括患者最好可恢復到什麼程度、醫生在手術中開刀的力度，及患者的心臟是否能承受麻醉和手術的強度。只有得知這些資訊，外科醫生才能展現出自己精湛的技術。

經營家庭也是如此。我們首先應弄清楚最基本的現實問題：我們應從何處著手？為了弄清楚這個問題，我們必須再次計算我們的收入與開銷。

我們都知道自己的收入。首先，我們應學會有效率地使用這些收入，學會最經濟的購物方式，因而將我們生活必需品的開銷控制在我們的收入範圍內，並且還能為擴大生活中其他投資留有足夠資金，這包括建造房屋和提升家庭生活品質。

要成功執行預算，無論是經營家庭還是商業運作，或是進

行城市管理、政府領導，現實情況是我們必須要面對的。正如我們所知，任何計畫的執行基礎都建立在我們對這個計畫現實狀況的了解。

面對現實需要勇氣。一般來說，我們害怕面對事實，因為這些問題的揭露可能會令我們不快，或者當我們面對現實時，我們可能會受固有意識的影響，被迫去改變我們以前的生活方式。

無節制的攀比是愚蠢的行為

恐懼是節儉、幸福、舒適和成功家園的最大敵人，我們每個人都會面臨恐懼。

令人恐懼的現實就是：15% 的人要承擔起照料占人口總數 85% 的老人的責任；人年滿 65 歲之後只能依靠親屬或慈善機構來生活。

這種恐懼起因於不良的家庭財務管理，其實恐懼是愚蠢的、簡單的、徒勞的、多餘的行為，因為只要及早做準備，你就能避免。

總體來說，美國人民是勤勞向上的民族，大多數人是辛苦工作的勞動者。我們以身為工人而深感自豪，因為在這個自由

的國土上，工人被社會認可，只有辛苦工作的人有權得到人們的尊重。

勞動者得到經濟上的回報。一般來說，我們擁有健康的身體，我們的收入完全可供給我們衣食和住宿所需，我們的收入可讓我們在社會上生存。

可是恐懼的出現，打亂了我們正常的生活，恐懼使我們的花費超過了日常必需的開銷。我們希望在那些比我們稍富裕的人面前，顯示自己的生活品質其實比人們想像中的水準要高得多，這樣我們便步入了奢侈的生活，而這些奢侈的生活方式並沒有為我們帶來快樂，因為這種奢侈生活只是讓我們在他人面前炫耀，使人們相信我們的生活比其想像中要來得富裕。

不斷與鄰居互相攀比，在縮短生命和毀壞家園方面的功效，比一個國家遭受任何一場瘟疫的作用都大，這句話絕對沒錯。

經營家庭要編收支預算

在我們即將投入的預算和計畫中，第一個我們必須面對的現實是我們的開銷不可以大於我們的收入，如果我們生活必需品的費用超出了我們的收入，那麼我們有兩種選擇：一是增加

收入，賺更多的錢；二是調整收支，使我們生活在實際應該生活的水準上。而要選擇哪一種，是編列預算的前置工作。

最簡單去面對現實的方法是將現實簡約成客觀的數字，將其用黑筆寫在白紙上，清晰植入眼中。

大多數人會發現自己平常花錢很鬆散，如果我們把「既要做一個賺錢能手，又要做一個精明的消費者」當成一個準則來遵守，那麼這種現象就不會發生。我們努力工作，無論是體力勞動還是腦力勞動，才能有良好的收入，所以，我們在花這些錢時要稍動動腦筋。

亂花錢的習慣是可以克服的，最好的方法就是記錄一段特定時期內的支出，然後仔細考慮如何在損失最小的情況下，削減這些支出。

調整預算可以讓我們的儲備金不斷成長，但沒有必要在開始調整預算之前保持一整年的支出記錄。可以一星期進行一次細心的記錄，或者一個月，或者更長一段時間。最重要的是要開始記錄。

我們應怎樣分析消費項目？讓我們先看看一個年輕人是如何成功做到的。下面是他關於這方面的一些看法：

「我仔細地對我的開銷做了記錄，下一步我要做的是找出這些數字意味著什麼。下面是我對此的理解：

房租沒辦法減少，但燃料費可以減少。我還可以在夏天購

買貯藏，這時候價格便宜，可省一些錢；煤氣費看起來很合理，但我們可以在不使用煤氣時將指示燈關掉，這樣可以省幾美元；水費是每月 6.8 美元，這表示其中至少有 2 美元是不經意浪費掉的；家用電話費是每月 2.25 美元，但長途電話費過多，我們可以節省一些長途話費。

雖然我們每月的生活沒什麼兩樣，但每月的食物支出費用卻變化很大。幾次在市中心用餐的開銷，等於我們兩個星期一般的伙食費。雖然這是為太太改善生活，但我們不得不減少這類活動。我寧願自己整理家務，也不會讓太太或僱傭人來做家務。雖然就個人而言，我不喜歡在家裡吃飯。

娛樂項目能減少就盡量減少，所以我們的消費額在減少。養車和搭車的消費過高，但其中一半是用於上下班搭乘火車。我想，自己可以不養車，外出可以搭車，這樣還可以有更多的機會走路。」

儲蓄和節儉並不意味著要苛刻自己，相反地，我們是在合理消費。無論價格高低，如果一個商品不能提供我們與價格相對稱的舒適服務，那麼它就不能算是便宜。

對大多數人來說，編預算或維持預算是一個極其複雜且神祕的過程，但這並不一定是真的。

在最簡單的術語表達中，預算只是一個人盡可能準確地估算日後的開銷，如何計劃使用自己的收入，然後做出誠實的努

力，使自己的開銷保持在估算額之內。

這樣看來，在保持了足夠長的、可以進行狀況分析的消費記錄後，編預算首先要做的事情是：確定要在自己的薪水裡保留多少比例的錢。

首先，人們應考慮好自己能力範圍內的生活必需品包括什麼。一般來說，生活必需品包括住房、食物和衣物用品，但有一樣比這些都重要，那就是對未來和突發事件的應急儲備金。如果我們不希望成為慈善機構捐助的對象或負債者，為應付這些突發事件，我們需要有一定的儲蓄。

在編預算的過程中我們會發現，預算會為我們決定要在收入中留多少錢作為緊急儲備金。如果我們是要先考慮預留，那麼接著我們把薪水剩餘的部分錢和其他生活必需開支劃分開來，我們會發現，如果將儲蓄放在最先考慮而不是最後考慮，存錢其實是很容易的。

不久前，一位年輕女子到筆者這裡來諮詢有關儲蓄方面的問題，她說要從她每星期的薪水中存下錢是絕對不可能實現的。

我問她想存下多少錢，她說她不知道，只是希望能存下一些錢。這恰恰是問題的所在——她根本沒有一個明確的目標。最後，這個年輕女子說她每月將存 10 美元作為開端。

只有當我們做好這個基礎事情，我們才能做其他方面的盤

算。當工作擴張了她微薄的收入，使收入超過了消費，我們便有了明確的事情可做。令人吃驚的是，我們成功地使她的薪水可滿足她的支出，還使她的薪水有所剩餘留作儲蓄。這個年輕女子現在每月儲蓄額增加至 18 美元，希望不久之後每月能增加至 25 美元。

預算僅僅是一個誠實的估算和謹慎開銷的事情。

家庭開支的六大面向

無論是勾勒預算還是按比例劃分收入，要使它們適用於生活中發生的所有事件是不可能的。每個家庭都有自己的問題需要處理，因此每個家庭的收支估算必須要適用於自己獨特的家庭境況。

但有一些基本的規劃和一些從大量案例中總結出來的估算可以作為參考。這些規劃和估算就如同優秀的導遊一樣，會告訴我們是否明智地進行消費。

一般來說，我們可以從以下六方面來進行家庭開支的估算。它們分別是：儲蓄、住房、食品、服裝、雜支、改善和豐富生活的支出。

儲蓄不但包括我們存在銀行的薪水，還包括經營未來的各

種經費投入，例如：投資、保險、或者其他任何可用貨幣為我們賺錢受益的支付形式。

住房則包括租金或購房支付、抵押貸款、稅收、火險、維修以及住宅物業管理的費用；食品可分為肉類、魚類、雜貨、牛奶、奶油、蛋類、麵包、蔬菜水果，還包括外食的餐費；服裝包括買新衣、訂製衣服和修改衣服；其他生活開支包括暖氣費、電費、燃料費、訂報費、電話費、文具費、洗衣費、汽車燃油費、交通費、菸草購買費用等等；改善和豐富生活的支出包括接受教育、參加教會和慈善機構組織的活動、訂購書籍和雜誌、參加演講、度假、參加俱樂部活動、贈禮、醫療、藥品購買、娛樂等的支出。

一般家庭的月收入在 100-300[2] 美元之間，以下是權威人士對普通家庭的經營所做的預算安排：

只有兩口人、月收入為 100 美元的普通家庭，如果每月能存下 10-12 美元，那麼這個家庭是較安全舒適的。家庭的住房支出不能超過 25-30 美元；食品開銷需在 28-30 美元之間；衣物支出約在 15-20 美元；雜支每月需限制在 8-10 美元間；改善和豐富生活的支出需控制在 5-7 美元間。

一個月收入為 150 美元的兩口之家，合理的預算支出是：

---

2 編注：這本書設定的環境是以美國 1927 年時建立一個家庭所需的規劃，書中提示的金額，依照現在 2023 年的物價水準來看，建議以中位數 12 倍左右的標準來看待。

儲蓄 25 美元；住房 35-40 美元；食品 35-40 美元；衣物 23-30 美元；雜支 10-12 美元；改善和豐富生活的支出 10-15 美元。

月收入為 200 美元的家庭，開銷可以這樣分配：儲蓄 50 美元；住房 40-55 美元；食品 35-47 美元；衣物 27-35 美元；雜支 16-20 美元；改善和豐富生活的支出 15-20 美元。

當兩口之家月收入達到 300 美元時，按照平均水準，可按以下方式合理支出收入：儲蓄 55-65 美元；住房 45-70 美元；食品 45-60 美元；衣物 40-45 美元；雜支 50-60 美元；改善和豐富生活的支出 25-40 美元。

這樣看來，兩口之家月收入為 300 美元的生活水準，似乎和月收入為 150 美元或 200 美元的兩口之家的生活水準是一樣的，但事實並非如此。收入增加意味著責任加重，即一個人意識到自己具有處理更大責任的能力，也就是一個人社會責任感的增加。

上述的一般預算都將這些義務考慮在內，並允許隨著社會地位的提高增加消費，以期能提高生活水準。

遠離債務，創造盈餘

進行預算系統操作可收穫的美好事情是：帳單和緊急事件

永遠都不會因為沒有備用金而無法解決，這是一個有效的遠離繁重債務的生活途徑，而欣欣向榮的生意就是遠離債務、創造盈餘。

對於三口之家消費的整體劃分建議如下：

☐ **月薪 100 美元的家庭**：儲蓄 3-8 美元；住房 25-35 美元；食品 32 美元；衣物 15-20 美元；雜支 8-10 美元；改善和豐富生活的支出 5-7 美元。

☐ **月薪 150 美元的家庭**：儲蓄 20 美元；住房 35-42 美元；食品 35-42 美元；衣物 24-35 美元；雜支 10-12 美元；改善和豐富生活的支出 10-15 美元。

☐ **月薪 200 美元的家庭**：儲蓄 40 美元；住房 40-55 美元；食品 45-50 美元；衣物 30-35 美元；雜支 16-25 美元；改善和豐富生活的支出 15 美元。

☐ **月收入 300 美元的家庭**：儲蓄 50-65 美元；住房 45-70 美元；食品 50-62 美元；衣物 43-50 美元；雜支 50-60 美元；改善和豐富生活的支出 25-45 美元。

由四口人組建的家庭開銷或估算支出自然會有一定的變動，一般來說較合理的分配是這樣的：

☐ **月薪為 100 美元的家庭**：儲蓄 1-2 美元；住房 28-35 美元；食品 34-35 美元；衣物 15-20 美元；雜支 8-10 美元；改善和豐富生活的支出 5-7 美元。

☐ **月薪為 150 美元的家庭**：儲蓄 10-15 美元；住房 35-42 美元；食品 40-45 美元；衣物 26-40 美元；雜支 12-12.5 美元；改

善和豐富生活的支出 10-12.5 美元。

- ☐ **月薪為 200 美元的家庭**：儲蓄 25-30 美元；住房 40-60 美元；食品 50-52 美元；衣物 32-40 美元；雜支 16-25 美元；改善和豐富生活的支出 15 美元。

- ☐ **月薪為 300 美元的家庭**：儲蓄 40-45 美元；住房 45-70 美元；食品 55-64 美元；衣物 50-55 美元；雜支 50-60 美元；改善和豐富生活的支出 25-45 美元。

在探討預算支出和家庭人口的問題時，我常常不得不承認這種消費劃分在今天人口膨脹，房價、租金高漲的社會中是不可行的。一對月收入為 200 美元的年輕夫妻清楚地告訴我，要找到每月房租為 40 美元的住處是不可能實現的，他們按這種方式找到的最適合自己居住的一間小公寓，每月房租就高達 75 美元。

這是非常真實的，但如果一處消費超支，那這超支的款項就要在其他消費項目中扣除。如果租金這項消費不能控制在預計支出的範圍內，那麼你就要修改一下你腦海中關於適宜居住的地方及條件的觀念。

前面我提到的那對年輕夫婦有轎車，那麼他們就要支付額外的車庫出租費。但有這樣便利的交通工具，他們完全可以選擇其他租金合理且適宜的地方居住，比如遠離市內霓虹燈的郊區，那裡空氣也很新鮮，唯一要花點心思的就是每天他們需早起一點以便開車去上班。

但有一點是毋庸置疑的，如果一個人總是愛慕虛榮，好與他人攀比，那無論什麼樣的預算計畫都將無法奏效。

職業女性消費模式的建議

加州義大利銀行婦女部門出版了一本關於婦女預算指南的書，上面提到的幾種預算方法書中都有所描述，以下就是對職業女性消費模式的一些建議：

- **月薪 100 美元**：儲蓄 10 美元，食宿 45 美元，汽車保養費 3 美元，午餐 12 美元，衣物 20 美元，改善和豐富生活的支出 10 美元。

- **月薪 120 美元**：儲蓄 20 美元，食宿 50 美元，汽車保養費 3 美元，午餐 12 美元，衣物 20 美元，改善和豐富生活的支出 15 美元。

- **月薪 150 美元**：儲蓄 30 美元，食宿 55 美元，汽車保養費 5 美元，午餐 15 美元，衣物 25 美元，改善和豐富生活的支出 20 美元。

- **月薪 200 美元**：儲蓄 60 美元，食宿 60 美元，汽車保養費 5 美元，午餐 15 美元，衣物 30 美元，改善和豐富生活的支出 30 美元。

很多職業女性看到上面提供的數字都會嗤之以鼻，然後告知外界這是不可能實現的。關於這一點，我接觸過一個每星期

收入為 30 美元的年輕女性，她每月要努力支付 65 美元的公寓費，同時她還要分期支付價值 370 美元的鋼琴，但她每天從辦公室回到家時都太累了，根本無心彈奏鋼琴。

不僅是剛步入社會的年輕人後要實施恰當的預算編列，年輕夫妻更可以用預算編列為自己將要起步的婚姻生活做規劃。

海倫·古德里奇·巴崔克（Helen Goodrich Buttrick）[3] 在一本家庭理財雜誌中說道：「對房子的裝修有多種預算支出的規劃，其中一種是將房子分為三個區域，分別用於工作、睡眠、生活起居，並依此來分攤費用。

工作的區域包括廚房、儲藏室、洗衣房；睡眠的區域包括臥室和浴室；起居室是人們不睡覺時消遣的地方；餐廳有時被規劃在起居室中，有時被包含在工作區域中。每一部分的開銷取決於房間大小和精緻程度，及女主人是否請幫傭幫忙打點家務，亦取決於她是否在外工作，以及她娛樂消費的程度。

如果把餐廳劃分在工作區域，並且聘請昂貴的幫傭來保留妻子的時間和精力，那麼供給房子這一區域的花費，就相當於供給起居室所需花費的兩倍。在這種情況下，房屋的布局最好這樣劃分：起居場所，兩處；睡眠場所，三處；工作區域，四處。另外，如果這家人偏愛音樂，鋼琴是生活必需品，那麼起居場所的花費還要大大增加。

---

3 譯注：曾著有《服裝的選擇原則》等書。

沒有人會給出一個特定的劃分格局，因為對房屋的需求因主人而異。起初房屋布局的建議會幫助你把裝潢房屋的總開銷平均分為三部分，列出每個區域絕對所需用品的名單，再逐一刪減每一部分所需的費用。然後你再列出自己想為每一區域添加的喜愛物品，同時可改動這三部分的開銷比例，直到你覺得會得到心儀的回報為止。

　　如果你的資金總額較少，但卻要添置很多東西，那麼採購時你最好要多逛商場，討價還價，挪出充足的時間仔細計算比較。好的投資需要花費時間和投入精力，這樣做同時也可防止被精明幹練的推銷員迷惑而失去明智的購買力，因而陷入資金窘迫的境地。『生活必需品優先購買』，沒有經驗的房屋裝修者應該把這句話奉為圭臬。

　　一個女人要管理好一個家，她最需要做的事情就是收集一切關於家庭用品和家具的準確和詳細資訊。」

　　所以我們明白，即使我們可以按照心目中舒適和幸福的目標步入家庭的實質性建設，在一定程度上，我們有必要成為一個資金投資人，因為創建一個公司就必須投入公司所需的必要資金。

　　一對情侶如果擁有了美好的愛情，對未來充滿希望，身體健康，並對事業滿懷抱負，便意味著他們可以步入婚姻的海洋；但如果缺乏資金，任何機構都寸步難行，家庭也不例外。

　婚姻好比要起航的船隻，船隻起航前一定要做好規劃，即使這小心的規劃可能會導致起航的延遲，但船隻一旦起航，它就必定會成為一艘更適合遠航的船隻。

　　購物時掌握理智的原則，就如同節儉是家庭經營的根基。這是我們組建家庭必備的知識。

第 2 章
家庭「夥伴」的責任

丈夫和妻子的職責

　　形成和組織一個家庭的男女，承擔著明確的責任。籌劃家庭經營的夥伴們，承擔的責任就和合夥經營生意的夥伴們承擔的責任一樣真實。

　　做生意光有資金的投入和期望擁有良好的合作夥伴關係是不夠的，合作夥伴必須對工作有長遠的計畫，以確保生意繁榮；也就是，生意開始之前若能制定並貫徹執行周密的計畫，成功機率就會因此提高。

　　編列預算的目的絕不僅僅是去完善一個工作計畫，它還包括清楚指出家庭經營過程中一個人所要面對的責任，它像指引家庭努力奮鬥目標的路標一樣。當一個人知道自己要去哪裡，知道自己要進行一個怎樣的行程，那麼他的路會很好走。預算就具有這樣的功能，它指引方向，告訴人們前方是否是上坡路，它在人們到達之前撫平顛簸的路徑，它向人們指出前方工作的目標。

　　這裡提供你一個友好的小提示：當你遇到甜言蜜語的推銷員糾纏時，你可以告訴他你最近正在實行家庭預算計畫，這個預算不允許你購買計畫以外的奢侈品。這是抵制不理智消費且隨時可用的最好回答方式，它不僅提供了一個拒絕不必要消費的無可辯駁的理由，而且為自己在推銷員花言巧語的推銷術面

前留足了面子。

建立節儉基金的必要性

　　節儉基金的建立是件好事，而且它是生活必需品，是一個人建立家庭時必須要承擔的責任之一。那麼，節儉基金的建立何以能成為一種責任呢？為什麼又是必要的呢？為什麼人們在建立家庭時要考慮這個問題呢？

　　仔細考慮過這個問題的人會給出很多原因，但我現在只列出其中幾點：

　　有頭腦的人會列出的第一個原因是：節儉是一個人退休後經濟保障的可靠手段，節儉使一個人在度過了能創造生產價值的年紀後仍可保持經濟獨立。

　　沒有人期盼年老時生活拮据貧困，沒有人喜歡年老體弱時依靠他人而活。我們只有在年輕體壯之年為未來儲存基金，才能期望過上我們理想中的晚年生活。

　　每個人的生活都會遇到緊急事件，處理緊急事件需要花費金錢。即使它們不會導致債務累積，但在以後相當漫長的一段時間內也需勒緊腰帶過日子，所以我們必須在緊急事件降臨之前，提前做好資金儲備。疾病、事故、火災，任何和我們

生活息息相關的、突發的、不可預料的危險，我們都必須考慮在內。

對突發事件的考慮，是一個人開始經營家庭時必須承擔的義務之一。在緊急事件發生前，一個人為此所做的資金儲備程度，可以很好地去衡量這個人認知和承擔責任的能力。

為了我們自己和我們的孩子：我們希望孩子接受良好的教育，希望享受旅遊帶來的生活樂趣。而接受教育和享受旅遊都需要金錢支撐，這些都需要提前預存資金，這就展現了家庭經營者建立節儉基金的必要性。

家庭本身就是一個需要「付費」的責任。當家庭需要你支付這筆費用，你該如何才能滿足這種需求呢？只有你平時生活按計畫開銷，手頭留有餘款才可實現；如果你平時沒有一個明確的節約計畫，那這筆費用是很難得到支付的。

大多數工人都有這樣一個夢想，在未來的某日某地，他們會擁有一個屬於自己的公司。這需要資金，我們必須從目前的收入中留有盈餘，這個夢想才可能實現。

擁有足夠的資金填補商業中的損失，這是家庭經營者的另一份責任。要預先計劃，以防有一天你的生意不景氣，賺不回本；如果你現在是一個上班族，你必須確保在你失業或由於商業條件不景氣，導致你賺錢能力減弱時，你能有足夠的資金維持你和家人的生活。

吝嗇不等於節儉

我們必須意識到，一個人生活的幸福指數，並不是他的總收入，而是他的純收入，即一年中剔除生活費用後存下來的錢；另外，儲蓄不是努力的結束。

亞里斯多德（Aristotle，前 384- 前 322 年）[4] 的中庸之道很有見解：過度的節儉就如同浪費，因為這意味著我們在為明天節約一切，而明天永遠也不會到來。

美國銀行家協會將人分為三個種類：吝嗇型、節儉型和奢侈型，銀行家又將他們的舉止，或者更確切地說是他們的消費方式，濃縮為如下的百分比：

據統計，吝嗇型的人將他們的收入按下列比例分配：

儲蓄 60%；生活費用 37%；教育費用 1%；休閒費用 1%；慈善捐贈 1%。

相反，奢侈型的人用這樣的方式花他的錢：

儲蓄：無；生活費用 58%；教育費用 1%；休閒費用 40%；慈善捐贈 1%。

節儉型的人則是這樣做：

儲蓄 20%；生活費用 50%；教育費用、休閒費用和慈善捐

---

4 譯注：古希臘哲學家、科學家、教育家。

贈各 10%。

節儉是最可取、最應發展的方式，但相比過上舒適而有益的生活，這個重大問題的解決、財富的累積，即使是為將來的獨立生活所進行的退讓也變成次要的。

若過分節儉也是很危險的。如果一個父親沉溺於欣賞成堆美元的累積，那他就不會看到孩子們接受足夠教育帶來的益處；如果他過分節儉，以致維持不了家庭的基本供養和積極向上的精神面貌，那他就不再是一個節儉的人，他每年節省的錢也不值得人們尊重。

如果一個人只為加速累積錢財而杜絕讀書、娛樂、旅行，那他就不能被稱之為理想公民的典範。

我們在追求經濟獨立的時候，不能忘記金錢的真正意義是什麼，我們必須意識到，金錢只是作為一種購買力而存在。一個人如果失去了對金錢真正意義的認識，那他必將變成一個十足的吝嗇鬼。

節儉和吝嗇絕不是一回事。弄清這兩個詞義的區別，是那些將要或已經置身家庭經營者的首要任務。

對家的概念的理解，首先它應是一個令人身心愉悅的地方。對節儉和吝嗇兩詞不同含義的認識，有助於擴大我們對「家」的進一步理解。因為家中如果存在吝嗇，快樂就很少存在；而家中若沒有節儉，幸福就不復存在，因為沒有節儉，家

中就會擠滿由奢侈和債務帶來的焦慮和不安。

如果不工作，就談不上存錢

　　事實上，家庭成員通常是資金的生產者，要首先承擔起責任，而且要深刻地意識到，任何經營的成敗重在管理，而成功的管理則依賴優秀的組織規劃。有計劃的花錢，是為成功經營家庭做最好的準備。

　　在編預算計畫或建立一個家庭之前，我們必須是一個生產者。我們不賺錢，就不能存錢；我們採取怎樣的預算規劃，我們經營家庭規模的大小或優雅程度，直接取決於我們的生產力和收入能力。

　　因此，我們必須合理且充分地利用我們的時間和精力，使我們的產出和我們的能力成正比。這一點我們必須充分意識到，並把它作為首要責任之一。

　　有時候儘管我們從事很令我們討厭的工作，但要我們就此放棄工作而失去薪資，也是需要很大勇氣的。但一旦將這種勇氣付諸行動，你就會收益巨額紅利，只要你找到正確的發展方向和適合自己的工作。那麼我們如何知道自己是否適應此工作？其實很簡單，你從事的工作如果能帶給你快樂，那就說明

你適合做這行。能愉快從事自己工作的人，往往會擁有一個幸福的家庭和大量的節餘。

美國一個最大的勞動雇主在被問到如何決定一個人薪水高低時這樣說道：「一個人的薪水是由這個人所需的監督管理程度決定的。如果他需要大量的監督管理，他必然得和其他勞工一起分攤其上司的薪水，那結果勢必是他的薪水會很低；如果他不需要那麼多的監督管理，那麼他的薪水就會增加；如果他有能力監督管理他人，加入管理人員的行列，那麼他有權享用與這種身分相稱的薪水。

而最不需要監督管理的人就是最適合這份工作的人，因為他喜歡這份工作，所以他才去從事。

勞動者，同時又是家庭經營者，在做一份工作之前，可能就會從老闆的提示中確定自己是否適合這份工作。這種方法尤其適合即將步入職場的年輕人。

年輕人時時夢想擁有一個屬於自己的家，因此針對年輕人，我們的忠告是：第一份工作的發展前景，要遠遠重於第一份工作的收入是多少。

當一個普通的年輕男子開始認真考慮組建自己的家園時，他主要擁有的資本包括健康的身體、靈活的大腦，和堅定的必勝信念。客觀來說，在這樣的基礎之上，責任感作為一種本能的理智告訴他，他可以實現夢想。

如果年輕人確信自己身心健康，他的定期收入可滿足自己最大創造能力的發揮，那麼這是非常好的一件事；但不幸的是，沒有人擁有料事如神的能力，潛在的健康和生活危機總會伴隨著我們。我們可能會出現身體或大腦不能像以前正常工作的時刻，意外或疾病可能會擊垮年輕人，隨之而來的便是暫時或永久性的收入終止。

　　但義務有一個不幸的特點就是它的持續性，義務不管盡義務者收入的規律性，履行義務就要有始有終。

　　一個公司的業務總裁總是在為公司如何度過艱難時刻做策略規劃。從某一角度來說，如果他是一個有效率的業務總裁，他一定會制定出公司在遇到財務困難或股票下跌時應對的方法和策略，能及時這樣做，就會使公司的業務危機暫時減少。

　　有家室的男性若是企業的總裁，那他應該考慮如何像保障他的商業利益一樣，保障他的家庭安全。

保險的重要性

　　保險是解決家庭經營者遇到經濟問題時的好方法。如果他將購買適當的保險作為消費的一部分，那他就再也不必擔心家庭因未受保護而要承擔債務。

首先，購買人壽保險最大的好處是保險金額足夠他履行所有家庭開銷和經營的義務；其次，如果他在沒有還清房子貸款之前遭遇不幸，那麼他留下的這筆保險金，將會立即被用來支付這個家庭負擔；下一步，他有必要購買的是健康和意外保險，這些保險金額將保證他在失去正常的收入能力時，依舊能履行自己的義務，維持日常生活開銷。

人們應該好好選擇保險公司，這就好比你做生意要仔細挑選投資經紀人一樣重要。要與名聲和信譽度高的公司合作，並且要簽署誠信聲明，以保證保險公司所售客戶的保險形式最符合客戶所需。

管理丈夫的藝術

從以上可以看出，身為一家之主的男性，肩負很多義務和責任。

那麼女性呢？在經營家庭財務收入的事宜中，女性又該擔任什麼樣的角色呢？顯然女性們肩負重大責任，她們最主要的責任就是管理。

我有幸結識了一位出色的女性，她一生成功地經營著自己的家庭。她辛勤培育孩子，與丈夫攜手 35 年導航他們的婚姻

小舟，從未讓家庭的船帆擱淺在沙灘上。

　　我的一位好友認為，家庭管理的最大障礙是來自妻子的吝嗇。她說這種吝嗇也是大多數家庭主婦沉溺其中而不醒的最昂貴奢侈品——服務的吝嗇。

　　她的口號是：如果不實施滿意、舒適的服務方針，這世界就沒有什麼便宜或經濟的東西。

　　接著她指出，阻礙家庭生活發展的另一因素是主婦對物品使用的吝嗇，這也是她們在吝嗇行為上的另一特點。用最富吸引力的方式把食物呈現給大家，而不考慮價錢多少，這是家庭主婦的首要職責；潔淨的餐巾，備至齊全的餐桌，家庭用餐時祥和歡快的氣氛，都會使簡單普通的膳食擁有豪華盛宴的味道。

　　下面我朋友要指出的吝嗇是針對某些家庭主婦自身而言——許多家庭主婦吝嗇於自己居家時的打扮。事實上這種吝嗇的實際支出巨大，因為它的成本是丈夫和家人對你的尊敬和崇拜。

　　「妳認為妻子管理丈夫的規則是什麼？」我問我的朋友。

　　「信任，」她回答道。一個詞概括了任何人制定的管理丈夫的規則，世上沒有什麼其他方法比信任更有效。但是妻子光有對丈夫的信任還是不夠的，丈夫還需明白妻子的心意，妻子應該用另一些方式告訴丈夫這一點，而不僅僅是用語言直接告

訴他。

「妻子要相信丈夫的辦事能力——無論如何，讓他知道妳相信他，這樣他自然會竭盡全力不辜負妳對他的信任。

據我所知，至少有半打男人會取得事業上的巨大成功，如果他們的妻子不要總是不斷地提醒他們不夠上進，如果他們的妻子沒有不斷地將他們和朋友的丈夫進行比較。

我敢大聲地說，90％對丈夫失敗的指責需歸咎於妻子。如果妻子對丈夫足夠信任，那麼他就不會辜負妻子的信任，他會自動自發地去努力。

管理丈夫你不能耍詭計，妻子應從開始時就步入正確的軌道。如果妻子期望自己的丈夫能像其他人一樣出色地完成工作，而丈夫的表現始終不能讓妻子滿意，使得妻子逐漸啟動其自私抱怨的態度，那麼妻子該早日覺醒為好，該看一看丈夫是否對你理想中丈夫的模式感興趣。大多數情況下，當妻子醒悟的時候已經為時過晚，丈夫已經不願回頭接受妻子的控制。

有關管理丈夫的事宜中，妻子還不應忽視另外一點，那就是妻子不應指望好丈夫的程度要比自己身為好妻子的程度還要高。

在離開父母身邊時就開始學習經營家庭

　　我並不太驚訝於這種家庭經營方式會導致夫妻分道揚鑣，也不會對每天閱讀到的離婚率感到詫異，我想知道的是會不會有更多的人走向分離。追根究柢，問題在於很多年輕人在對未來沒有任何規劃或清楚思考彼此如何相處之前，就匆匆步入婚姻的殿堂。他們腦海中沒有明確的目的地，結果最後只能走到彼此都出局。

　　那麼讓現在的年輕人在離開父母時就開始學會如何經營一個家庭吧。還有一點，做任何事情起步時也許只用一種方法嘗試，但之後要不斷嘗試用不同的方法才能完成它。

　　年輕人應該在做事情前就做好規劃，比如說他們想建立一個什麼樣的家庭，然後盤算一下怎樣用最好的辦法才能實現理想中的家庭模式。如果他們有遠見，事先考慮好自己將會消費多少錢，以及怎樣最大限度的節約用錢，他們就很難因為錢而爭吵。我還想直言告訴你們，一個家庭因為錢的問題而爭吵過多，這個家庭就不會有太多幸福和前景。

家庭日常消費的潛規則

所有優秀的經理都是出色的消費者。在家中，女人在很大程度上充當著公司業務經理的角色，科學地減少消費量是她們的職責。

《家庭經濟雜誌》發表了一篇名為〈在籃子裡的責任〉（*With the Market Basket Go Responsibilities*）的文章，也許會在如何經濟而有效地購物方面，給家庭主婦提供一些建設性和補充性的建議。其建議如下：

☐ **掌握價錢**：女人拎著籃子到菜市場遇到的第一個問題就是價錢，她的大部分開銷都在雜貨店和肉類市場進行，因為這個原因，她需要充分了解各類商品的價錢。有了資訊裝備，她才能知道賣主是否有多向她要錢了。

身為家庭主婦，掌握價格資訊很重要，同時了解什麼時候是什麼農產品的盛產期也很重要，她會發現當季時購買農產品最划算。此外，避免在賣場人潮高峰時購買商品，趁銷售人員不忙的時候買東西，會得到更好的服務。

☐ **列出購物清單**：在家裡列好購物清單會節省購物者和商場銷售員的時間。可把列好的商品名稱念給銷售員聽，或直接把單子交給他裝貨。

很多主婦有雜貨店或肉品店的訂購電話，可在常規時間訂貨。如果所定貨物不能在指定時間送到，或因此耽誤了商

家對其他消費者的服務，那麼這耽擱的時間是要追加費用的，要加在商品的成本中。

☐ **最小化送貨服務**：因為消費者的多種服務需求，導致商品零售成本很高。簡而言之 —— 多服務，高成本，高銷售價。很多零售商店因提供過於寬泛的售後服務而倒閉。應減少售後服務，如因此造成損失，只能追加在商品價格中由購買者支付。

由於顧客過多地接觸，零售店裡大量的易壞商品遭到損壞，這種損失只能加在成本中，因而導致商品價格提高。

☐ **回收空奶瓶**：瓶裝牛奶價格高的部分原因是其使用的可回收瓶子成本高。

☐ **檢查商品重量和裝備**：按實際重量買商品，比按盒買或按其他包裝買要經濟得多。購買時要檢查好商品的數量，無論何時購物都要以商品實際重量為基準。訂購貨物送達時要檢查訂單，以防止錯誤出現可及時糾正。

以上提供的所有建議，都是為了使家庭購物者改變沒有計畫、隨意支出預算的經營模式，而採取的科學經營管理模式。

讓我們再重申一遍，預算是一種消費模式，是為了實現有效消費、保證預期結果所制定的方案。所有支出必須要保持記錄，否則你就無法確定你在不同區域的開銷是否超支，是否控制在計畫的範圍之內。

主婦身為家庭開銷的主管者，實際上掌握了大多數收入支出的控制權，基於此事實，負責開銷記錄的任務自然應該成為

她日常工作的一部分。這項任務既不複雜也不累贅，相反，它能帶來很多獨特的好處，其中包括確保節儉基金的形成，而它取得的利潤可用於擴大家庭商業投資。

第 3 章
家庭生活的第一年

奠定長遠婚姻的基礎

任何建築物的堅固性和穩定性，都取決於其地基的建立狀況。這個道理也適用於企業集團的經營。

新婚夫婦第一年的生活可以稱作是地基建造的時期，在這一年中，夫妻雙方要確定和調整生活方式，這在很大程度上決定了下一年的生活是否成功幸福。

很多年輕人想了解，用他們的盈餘和儲蓄可購買的安全證券種類，因而可開始他們的投資之路，最後走向經濟獨立。

一般來說，婚姻生活的第一年充滿了各種重要的思考，還不是買股票、買債券或投資任何形式證券的時候。相反地，在這十二個月內，一定要有盈餘和儲蓄，要樹立安全平和的意識，避免不尋常的開銷。

這一時期唯一可考慮的投資是健康、意外和人壽保險。

將其他所有的積蓄存在銀行中，將來一定會發現它們的最大價值。第一年的儲蓄必須具有「流動性」，這就是說，儲蓄起來會賺得利息，同時儲蓄還應肩負起隨時有效支付緊急事件的責任。緊急事件總愛發生在婚後生活的第一年。

建立愛巢是一個真正明確的消費，即使你的新婚住所是已經裝修好的房子或公寓，你也有必要準備理財金以備未來投資

之用。養育孩子不僅是再自然不過的事，也是大家渴望實現的事。夫妻已經準備好孩子到來所需的支出，手頭有足夠孩子所需的費用，那麼孩子的誕生就是令人欣喜的。

除非新婚夫婦已經預先做好計畫，用心調整好生活狀態，他們第一年的生活才會有盈餘去投資。

打造自己的小窩的必要性

很少有人能幸運地在成家後得到他人提供的住房。住房是我們建設家園首先要考慮的事，我們打算住在何處？住所所有權是不是我們的？住所應該是一套公寓、一個飯店宿舍，或者僅僅是幾間房間？通常年輕人解決這個問題並不是建立在仔細權衡利弊、優先考慮必需品，或者他們有能力支付什麼住處的基礎上。結婚第一年住房的消費支出通常是太過頭的，這主要是因為年輕人已經忘記了古老化妝遊戲的樂趣，相反，他們試圖借用虛假的化妝術欺騙他人——他們只是想炫耀，而不考慮現實生活是否必要、是否負擔得起。

如果條件允許，婚後第一年夫妻倆最好在自己的小家中生活——和父母同住的益處很少。正如一些人所說，當兩個家庭不得不擠在同一個住所生活，那麼一個屋簷要容納兩個家庭，

一定不夠大。如果鳥兒的翅膀長硬了，可以獨自飛翔，那麼他們就要學會建立自己的巢穴。

但是開始時，這些巢穴不需要毛皮的裝飾。有趣的是，開始時年輕人竭力使人相信自己的小窩是裝飾豪華的，但後來便逐漸走向現實。只有那些沒有頭腦的人才希望剛組建家庭的年輕人，擁有已經經營了幾十年家庭生活的人居住的那樣完美精緻的居所。

誠然，年輕男女在朋友或熟人面前展示自己的優勢是很自然的事情，他們認為要出色地展示珠寶，選擇適當的場景是很必要的。年輕男子在求愛時，總是愛輕易地對未來的美好舒適做出承諾，而這些承諾總是說出來容易做起來難。當然不能完全責怪年輕人要努力實現承諾的行為──現代商業貿易流行簡便貸款、延期付款，要實現未來美好生活所需的物品，也不是很難辦到的事。

在婚姻初期，即第一年，對這種美好居所的渴望，以及布置居所使用的展示程度高於舒適程度的物品追求，是造成整個美國年輕人鋪張浪費的主要原因。把握良好的生活限度，是經營美好生活的必要因素，因為如果我們保持一種低於我們支付能力的生活水準，那對我們自己是不公正的，但也根本沒有必要艱難地維持著一種超出我們能力或身分之上的生活模式。

限制對分期購物的欲望

　　婚後前十二個月的生活開銷需本著「只買必需品」的信條，新婚夫妻尤其要限制自己對生活用品的購買，特別是用分期付款的方式購買。

　　魯凱澤（Merryl Stanley Rukeyser）[5] 在〈貨幣與投資的普遍意識〉（*The Common Sense of Money and Investments*）一文中概述了有關消費分期支付計畫的三條準則，為年輕人在婚後第一年實現明智消費提供了建議：

第一，如果你有能力用現金支付商品，請不要使用分期付款的方式消費，因為信貸費用昂貴，買房需支付其全部費用。

第二，限制使用分期付款方式購買至少在付款期間其利潤會擴大的商品。例如用分期付款的方式購買電影票就不經濟，但用這種方式購買永久性商品，如房子，甚至是鋼琴，那就比較合理。

第三，如果非要分期付款，要預防不測的事情發生，比如說時間的損失將會減少你的收入。換句話說，不要把你當前或預期的收入做抵押，除非是為了應付突發事件，比如說治病或作手術之用，但仍要留有充足的餘地。

　　分期付款的購物方式有許多益處，無疑它為提高美國普通民眾的生活水準做出了很大貢獻；但另一方面，分期付款購物

5　譯注：美國金融家，作家。

計畫為年輕人帶來一定的危害。從理論上說,這一計畫使得很多收入較少的家庭實現精緻和奢侈的生活,因而提高美國民眾家庭生活水準;而與此相反的是,「輕鬆支付」的政策會引導那些收入與消費不相稱的揮霍無度的消費者陷入超支和負債累累的生活中。

生活好並不僅僅取決於家庭收入的多少,還由收入的消費方式所決定。有時候,一個人使用「輕鬆支付」的方式購物,就容易陷入奢侈消費或非必要購物的趨向;另一方面,用分期付款的方式支付永久性或半永久性商品並沒有錯或不恰當。

運作分期付款方式賣東西的生意人意識到他們面臨的險境,包括長時間支付的成本、搜尋穩定信貸的必要性、較高的收集成本、因買方未如期支付分期款項而買回商品的費用,以及許多其他延期付款需繳納的費用,這些費用必須透過市民購買才可付清,所以透過分期付款方式購買的商品,顯然要比用現金或信用卡購買的同類產品價錢要貴,或者產品品質要低。以上這些都是年輕夫妻在婚後第一年購物中不應忽視的。

婚後第一年是開放的一年,是起始的一年,也是為成功鋪設快捷方式的一年。「成功沒有祕訣,」亨利·C·弗里克(Henry C. Frick, 1949-1919)[6]說,「成功需要艱苦努力地工作,需要隨時奉獻於你的事業,無論白天和黑夜。我很窮,所受教育也很

---

6 譯注:美國煤礦大亨。

有限，但我很勤奮，不斷尋找成功的機會。」失敗就是一個人發現一件很有用的事情，但他卻早出生了 50 年。然而現在一個人能發現的最有用的事情就是學會存錢，明智地開銷，避開債務，特別是在第一年你的收入要支付各種不尋常的生活需求時。

第 4 章
養育子女的家庭計畫

以充足的準備迎接新生兒到來

孩子影響著整個家庭生活的軌跡。家庭是他們的主要支撐，因為如果沒有家庭，沒有充足的資金，我們就不能好好撫養孩子，使他們成為優秀的人才。

成功的家庭理財顯示，撫養子女以及子女教育應該像其他消費一樣，有固定可靠的基礎，你可能需要以縮小房子的擴建規模來支應；規劃增加收入的方法以增加盈餘；尋求剩餘資金轉投資，以取得最大的效益與相稱的安全途徑；或當我們不能工作時，為了經濟獨立而應趁早做準備。

因為這些都是實際的，我們為孩子收集關於他們成長發展的明確事實和數據是非常明智的。這些數據的收集來自可靠源頭，適用包括美國在內的普通家庭。

雖然給定的資料需要一些修改，以滿足不同家庭的不同條件，然而，就整體而言，它們將是優秀的輔助指導，讀者可以放心，這些估算都是可靠的平均數，經過了必要的、仔細的研究和調查彙編。

期盼嬰兒降臨可能是一件令人高興的事情，但如果父母還沒有為此準備好足夠的資金，這可能變成一件令人擔憂的事情。

根據一些大型醫院、醫生和銷售兒童用品商店提供的資

料，以及來自著名福利機構保留的費用紀錄，要順利迎接一個嬰兒降臨世界，最低費用是 275 美元。所以，熱切想成為父母的夫妻，在孩子降臨前必須計劃存夠至少這個數目。

事實上，如果手頭沒有 300 美元就要孩子，這種行為很不明智。而這意味著，準備孕育子女的前一年，每月應至少預留 33 美元給未來的嬰兒。

根據先前的預算資料顯示，這幾乎等於月收入 150 美元者的所有儲蓄和預付財產、薪水是 200 美元所有預付財產和五分之三的儲蓄、月薪 300 美元所有的預付財產。往前回顧一下，「預付財產」是基於清單要求撥出的款項，包括醫療護理。

還有一點人們必須意識到，第一個孩子來臨時，不要總採取成本最低的照顧。預留的錢越多，孩子到青少年時所受到的照顧就會越好，父母以後的日子就會越舒適越安心。

這似乎是一個非常簡單的事情，以精確和具體的數字表示養育孩子的成本。但事實上，這集合了成千上萬職場人士的經驗和看法，但估算的資料仍無可避免會隨著調查人數和機構的變化而改變。

身為救世軍的福利組織似乎已經做出了大量的案例彙編，以確保在明確的基礎之上給大眾一個準確的開銷數額，並提供了以下平均最低成本。

據估計，孩子最開始六個月的生活、糧食、服裝和裝備的

費用，每個月將不低於 25 美元，這還不包括治療疾病的費用。在接下來的 18 個月，或者直到孩子 2 歲，每個月的花費可能會略為減少，但這種減少是非常輕微的。當然，這些都是美國家庭兒童平均的最低開銷，在頭兩年，據同一醫療機構的醫師估計，每月應撥出最低 5 美元的費用以支付疾病醫療。

因此，可以看出，在撫養孩子的頭兩年，最低費用應該是每年 720-360 美元，或每個月 30 美元。

教育是筆很大的開支

隨著孩子 6 歲，根據細心家長總結的資料，該是父母親為孩子未來的成功展開計畫的時候了。

幾乎總有一些雄心勃勃的計畫，為孩子以後完成大學課程做好提前思考和打算，或者，通常是父親想要從事某個行業但未完成心願，希望自己的孩子能夠去完成。

沒有人否定教育的價值，如果你準備打一個成功的人生戰役，和在經濟獨立的遊戲中取得勝利，上大學是人們通常都會想到的途徑。

在大約 18 歲時，孩子就準備進入父母苦心計劃的大學接受畫龍點睛的教育。但是，大學課程需要耗費金錢，有比現在

更好的時間來進行規劃投資嗎？

　　當然也有許多上大學的孩子是透過個人的努力，沒有父母的任何幫助，這當然是可以做到的，過去就有很多這樣的例子，未來將會更多。但是許多男孩女孩把上大學完全當成一種義務，失去了許多大學生活的理想，而這種理想在以後的歲月中意味著很多東西。

　　讓我們來看看大學的費用。在州立學院的學費可能被免除，但圖書館、實驗室使用費和其他費用每年需 100 ～ 200 美元，還不包括住宿和衣食費用；在其他大學平均每年的學費最低需 150 美元，因此，四年大學生活必須有 400 ～ 1,400 美元的預留費，不包括衣服、食物和住所的費用。因此，可以看出，大學生活每年至少需準備 500 美元，如果有 2,000 元基金，學生就可利用這期間進行研究和學習。

　　這當然不是什麼大問題，但父母期盼的金額是每星期 1.58 美元。那麼，為什麼不能讓它成為一個單獨的財務項目，創造一個寄託希望和信心的基金呢！假設銀行中每個月有 6.25 美元的存款，從中抽取 4%，每半年合計，這樣就會成功。確切地說，它將達到 1,986.02 美元，其中 634.02 美元是利息。

　　這誰都可以做到，甚至比這做得更好。10 年後，基金將達到 929.25 美元。已接近 1,000 美元大關，爸爸會發現可以輕鬆地將 70.75 美元退出儲蓄帳戶，把錢投資在一些安全和保障

的地方，以便獲得更大利益。或者，更好的是可以繼續進行儲蓄，直到第 15 年金額將達到 1,549.3 美元。然後，這可以展示給即將成為大學生的年輕人看，他必須在未來 3 年內賺取其餘的 450.7 美元，讓他知道，要上大學就是這麼現實。隨著對他的這一責任，不僅使孩子能接收更好的教育，而且使他學會感激，學會在開支之前了解儲蓄的價值，這些資金將產生更大的效益，無論他是在大學，或進入職場。而且，假設該學院的課程費用出於某種原因與預算矛盾，那這 2,000 美元資金應正確地使用，確保大部分的預期目標能順利完成，並保證在 50 歲之前經濟獨立。

保險理財計畫

還有另一種可影響結果的計畫，這個計畫可以滿足家長的要求，因為即使父母沒有繼續每週存款，也會有學院的資助作保證。這一計畫被稱為遞延養老保險政策，可從有信譽的保險公司得到保障。

以最低 2,000 美元的學院基金為基礎，我們得到以下的數字，這跟所有估算幾乎相同。

如果父母的年齡是 25 歲左右，某一方購買一份遞延養老

型壽險保單。在這個年齡段每年的支付費用是 111.14 美元，也就是每月 9.26 美元或每週 2.32 美元，持續支付 15 年，這就意味著總保費將達 1,667.1 美元，而這能在保單有效期間內為他提供生活保障，且留下的現金去除保險功能達 332.9 美元。

父母採取這樣的計畫是為了供給孩子大學教育，在 15 年屆滿後的任何時間，該款項將滿足孩子的就學費用。這些款項可以做任何形式的安排，擴大至孩子 4 年的大學生活。父母一般都每三個月支付 125 美元，讓孩子在此期間每年有 500 美元的基金。

雖然可以正確地說，每年 500 美元是不夠大學期間衣服、房租、學費及所有其他雜費的支出，但它往往證明如果輔以學生個人的收入和儲蓄，將不會有任何嚴重的經濟壓力。

雖然這個養老計畫的利息收益不如銀行每半年複利一次的 4% 的利息，差額是 117.8 美元，但保險的功能被認為值得這個差價。

孩子求學期間的消費支配

養育孩子 2-6 歲的費用並不容易計算，因為這些費用一般都參雜於日常的家庭生活，父母很難將其與一般費用區分開。

　　經過前兩年，直到孩子進入第一年級，這時就可以較好地去設定每個孩子每月平均 30 美元的最低費用。這個數字只是必要東西的費用，如食品、衣物和醫療護理等等，並不包括消費、玩具和娛樂等項目。

　　到了就學年齡，有必要開始考慮孩子逐漸成長的平均成本。

　　在文法學校的第一年費用是最低的，一般最低的平均費用為每月 30 美元，這個數字包括食物、衣物和必要的學校費用，如書本、鉛筆等，但不包括如娛樂消費、午餐，或類似性質的其他費用。

　　漸漸地，孩子一年一年長大，養育成本會呈上升趨勢，隨著越來越多必需購買的書籍和衣服，直到第七和第八年級，平均每月最低 45 美元左右。除了家庭費用，即食物、衣服和校外用品等，專家建議通常在 8 年制的文法學校教育費用每年約為 80-90 美元，在 4 年高中期間，每名學生的平均花費是每年200-250 美元。

　　從我們蒐集的資訊判斷，正常家庭的孩子在高中時的花費比在文法學校時多，無論是男孩還是女孩，服裝成本變高，餐費也從 45 美元提高到 50 美元。而據估計，高中階段女生的花費會比男生每個月高 15 美元。

　　因此，安全估計是高中階段男生每年的最低花費是 800 美

元，而女生是 980 美元。但請一定記住，不論男孩還是女孩，誰自己能賺取這部分費用就是更好的學生，他們學得了更多學校以外的課程，相比那些一切都提供好的學生。

孩子個人的消費金額也可以被允許，如果這對孩子是必要支出的話。這就是為什麼幼齡兒童在學前和就讀文法學校期間允許擁有零用錢，這在某種程度上也是滿足孩子在普通家庭生活中所遇到的希望和要求。所以，很多小孩子都有零用錢，但是，這筆費用，不論其大小，應該由家長監督，並為孩子提供一些指導。

讓孩子樹立節儉意識的妙法

由銀行關注和培育的洛杉磯學校儲蓄協會，做了很多兒童節儉教育的努力，並顯示出這些存放在銀行的部分資金的價值。這個協會去年的報告顯示，56,427 個積極儲蓄戶為在小學和文法學校的孩子們做出了總額達 624,838.27 美元的儲蓄，平均每個帳戶為 11.07 美元。毫無疑問，這優異的表現可能會更大，如果父母願意把孩子們花的美分和硬幣交到他們自己手中。

前面所述的儲蓄代表個人的營利能力和努力，而成功的學

生利用課前、課後和星期六賺得的積蓄，被總結成一份打工種類的列表。

這個表顯示了男孩受僱於 25 種不同形式的手工工作，男孩和女孩合併總共有 20 種從事農業方面的工作。各種形式的學生打工被總結成一個有 23 個種類的清單：自助服務 16 個；家庭經濟活動女孩有 5 個；手工有 3 個分類；5 種護理和其他 6 個特別的學生賺錢方法。這裡一共有 103 種方法，都是根據在校生或者他們的銀行儲蓄帳戶調查總結出來的。

此列表不包括由父母溺愛或從親友處收到錢的這種最普遍的方式，無論是作為一個明確的補貼，或作為禮物時，都不列入紀錄保存。

家長們看起來對孩子在學校第一年就賺錢有不同的意見。反對者認為，過早打工會減少兒童健康的娛樂時間；但多數家長認為，從孩子小學後期直到高中，不論賺多少，自己努力打工賺錢的經歷都會給孩子很好的人生經驗及鍛鍊。

一個考慮周全的子女教育預算計畫，不僅要考慮到小學，還要顧及高中和大學，因此，父母必須有一個長遠計畫，這個計畫在孩子年幼時開始更容易完成，這樣才能有更多時間來完成計畫，每個月的平均支出就不會那麼多。但是，在父母的計畫進行的同時，也該培養兒童正確的價值觀、理性購買和節儉的習慣。

6 歲起即可進行理財教育

　　兒童理財教育在其 10 歲生日前開始比較好。現今，幾乎所有兒童在開始上學之前都能得到最低限度的零用錢，所以大約在 6 歲之後、10 歲之前，這 4 年的時間父母可以開始對孩子進行理財教育。

　　如果這 4 年時間被用來進行理財教育，那麼孩子在 10 歲就可以成為一個小小投資人，將比那些畢業後才開始學習理財的孩子更接近成功，在學校也能擁有豐富的經歷和實用的金錢價值資訊。而大部分沒有嘗試給子女做理財和投資基礎教育的父母，都是因為他們比較懶惰。

　　幾乎所有正常的父母都很樂意教孩子生活必需品的使用方法，但是，有一個工具，我們所有人都使用它來建設幸福家園，父母卻不便干擾孩子如何使用，該工具就是金錢。而自相矛盾的是，我們越是多使用這項工具，就越少告訴孩子如何使用它，這也就是為何富裕家庭的孩子很少關心金錢的價值或如何賺錢的原因。

　　然而，這知識其實很容易傳授——如果我們有興趣教育孩子如何使用這項工具，只要孩子開始注意事情，並為自己做決定時就可進行，這可以從消除禮品類的開支開始。事實上，家庭收入的一定比例屬於孩子，因為他們是家庭的一分子。當孩

子的理解力逐漸成熟，自然需要考慮關於家庭生活的某些職責，像是以少許津貼作為某種服務或職能的獎勵。

當孩子明白錢是要靠付出勞力等形式換取的，那就成功學會了理財的第一堂課。這堂課必須學會，否則無法接續下去，因為如果孩子沒有意識到錢主要代表人們的努力和勞動，就不能進行正確估價。

在教孩子金錢的價值、如何花錢、怎樣保護它之前，孩子必須有一些錢用來做一些事。那就是對孩子的某種服務補貼一定金額，並且定期支付給孩子，除非孩子不能學會儲蓄的價值、累積儲蓄、創造價值和執行合理的採購計畫。

依據父母的要求花零用錢顯然對孩子是不公平的，這將會造成一個「乞丐兒童」，每一個獎勵的禮物只會使孩子更貧瘠；任何一個豪華而不需付出努力的禮物，都將使孩子以後不願付出勞力來賺錢或妥善運用金錢。

一分耕耘，一分收穫

孩子金融教育的第一根基石是自己的收入——某種他可以明白的賺錢途徑，但這一收入要這樣安排，雖然孩子某個規定的時間將獲得它，其收入將取決於孩子呈現自身的服務知識，

但並不包括這種，「現在，威利，安靜，等媽媽說完這個故事，就會給你一角。」

兒童敏銳的心靈能快速發現任何形式的欺詐行為，他不久就會發現是否真的有延長服務的價值，或者父母為了達到目的是否耍花招了。一個明確的收入、定期給付、誠實贏得，是建造孩子理財教育的磐石。

孩子享受期待的樂趣。如果將未來的快樂適當暗示給孩子，你會從他們的眼中發現，他們會更加努力和仔細去完成工作，比成年人更有效果。孩子會比完成同一件事的成年人更誠實、更節省。

如果一個小男孩喜歡假裝自己是一個大生意人，為什麼不利用這種好感然後教育男孩如何讓遊戲成真。要向他展示，首先，他的「津貼」就是金錢收入，是誠實賺得的，會定期給他，並算算看一段時間會累積多少錢。如果他知道每週能得到25美分，到年底時就能累計13美元，有這13美元在手時，他就能做很多大於個別季度可以完成的事情，那麼他將傾向於完成更大的事情。

女孩的問題也沒多大不同。她只知道她的母親是個很好的女人，而母親為什麼令人欽佩，這恰恰是女孩不清楚的。其實無論是母親還是父親，要讓女兒知道母親之所以偉大，其部分原因在於母親是一個持家能手，要做到這一點並不難。當女孩

知道這一點，她也會採取母親料理家務管理錢財的方法，這樣就可以實現全年家庭財政支收的計畫。

告訴孩子把錢存在銀行是很多家長為子女所做的金融教育，至於儲蓄為什麼是一件好事和該如何收取利息，這些事情該留給青少年自己去發現。

沒有孩子會熱衷於把錢存入銀行——即使是家裡的小銀行，除非將儲蓄演變成帶有某種獎勵的遊戲。銀行這個大型建築的大理石和青銅，本身並不吸引青少年，這種華麗的結構反而使青少年感到恐懼。

如果未來財富累積的基礎是養成儲蓄的習慣，如果父母有90％的責任為孩子養成習慣，那麼，我們可以在制定辦法時花一些時間，我們可以注入愉快的遊戲精神，換取孩子未來經濟的獨立。

可以在家玩一個小小儲蓄銀行的遊戲，利用競賽的方式，看看哪個孩子能在最短時間記下約定的金額，或是某段時間內誰能存最多錢。儲蓄從小家銀行轉移到大銀行可以制定一個詳細的遊戲規則，其中，去銀行存款可以把它當成一個度假娛樂，添加任何娛樂項目，只要父母認為明智合理。

當年輕人明白了銀行是處理美分、住宅和美元的地方，學會透過銀行為他們帶來更大的利益和生活住宅的繁榮，且透過儲蓄學會如何負責他人的幸福，那麼他們就能發現節儉的另一

個好處。

　　家長們可以用一個有趣的方式向孩子解釋這些，並且在解釋的過程中提供另一個培養財務獨立的原因。至於如何有趣地向孩子講解則是每個父母致力自我提升的事情，而不同的孩子可能需要不同的解說模式。

　　父母可以告訴未來的小金融家們，如何從銀行取款後出借給同一城鎮的其他人，這樣人們就能用它來為自己或孩子建立一個家。那麼，借錢的人就用借來的錢支付給建造他新房子的木匠，然後木匠又把錢帶回家；如果木匠家的孩子節省了一些錢，這些錢就又會存入銀行，然後再幫助其他人建立家。當考慮到這一點，小小金融家在看到新家建設過程中的每一處，就會感覺有自己的專有利益。

　　接下來就是對借款人使用資金及銀行收取利息的解釋，那就是銀行將存款人的錢整合後借出，以獲得額外的收入，然後再付給儲蓄戶一定的利息。當孩子被鼓勵節約，知道他的儲蓄對社會的發展有所幫助：如何儲蓄美分和美元，投入其他人快樂的家園建設中；如何幫助他人裝修房子、建立電力設施，或如何幫助他們購買材料和勞力。這樣，這個孩子便獲得了社會制度是如何整合和運作的一個基本了解。

利用既有資金進行安全投資

由於 4 年時間的培養，儲蓄的習慣已深入孩子們的心，孩子累積的錢和銀行利息也越來越多，家長可以找個時機給孩子第一個投資選擇的指令，展示它的保證收益可以比銀行利息多。

安全的投資道路需要父母指引。介紹孩子去信譽良好的投資公司，父母會從中得到很大樂趣，這些公司銷售的產品包括嬰兒債券（baby bonds）。或者，這可能更合乎邏輯，告訴孩子將資金放在證券公司和貸款協會的價值，這將比儲蓄銀行有更大的獲利能力，而且他的資金將和家園建設的關係更為密切。

證券公司和貸款協會是從種類繁多的投資計畫中篩選出來提供給年輕投資人，這是資金存放安全的地方，且更多了一些附加價值。該公司的理財計畫要求資金存放有一個定期系統，這樣才能合理有序地安排一個孩子的金融事務。

此外，如果孩子徹底接受建設和貸款的想法，那很久的將來，孩子意欲為自己建立一個家，他就能對房屋建設充分理解，且信用評等將有可能為孩子爭取到最有利的借款條件。

傑出的經濟學家們一致認為，我們應該開始訓練孩子自己處理錢財，即使在他們還沒達到青春期的年齡。支出和儲蓄之間適當的平衡是最難的課程之一，教育工作者都同意，課程在

幼年更容易學會，尤其在孩子發展早期循序漸進的教導，最困難的課程也會變成一種常識。

　　經家長提供的早期教育，有 90％的孩子能達成經濟獨立的目標。

第 5 章
家園建設

快樂家園計畫

計劃建立家園中的任何一件事比其他事都讓人感到由衷的幸福。在今日，經過慎重考慮所選擇的地點來建設我們的家園，與過去在牆中挖一個洞穴、以乾草和動物皮毛為裝飾所建的家園大為不同。

今天，我們不再如此容易解決家園的問題，而必須考慮到很多因素，有一些很細小的事情能夠增加我們的幸福感，或者嚴重影響到家庭的舒適和寧靜。

理財成功的家庭會考慮到很多事情，房地產的挑選就是一件非常重要的事情。從實際或者潛在價值的角度，或者基於決定理財方法來看，儘管價格必須被考慮在內，但是房地產挑選本事比價格更為重要。

房屋建造是另一件重要的事情，包括規劃、舒適度、便利度以及成本等。家園建立者在購買時有許多方式可以利用，當他們沒有認真告誡自己正確的保護方法時，即使在未啟動階段也會蒙受巨大損失。

家園的擁有者即投資人，如果他能找到一個滿足個人愛好和需求的成屋，這與根據自己的計畫去蓋一所新房屋，兩者之間沒有什麼不同。投資人也是財富的創造者，他還能夠增加他所居住的社區資源。這個家能讓他感到安全，能夠躲避外界的

苦難，這種功能沒有其他地方能取代。

　　家園的主人在他所居住的社區將占有一席之地，他被視為固定公民。如果在選擇住家地點和計劃建設家園時足夠認真，隨著時間的推移，當一座房屋被賦予幸福和舒適的記憶時，它便成了家園，這一點是租房者無法享受到的。

房地產的相關知識

　　建造一個家園涉及到不動產的所屬問題，建造者必須找一個可以建造房屋的地方，像許多其他商業的特定形式一樣，不動產所占地方有它特定的稱謂。對房地產感興趣的人多了解一些相關術語的意義能對其有所幫助，這種理解往往被證明是對寶貴資源免受損失的一種保障。

　　那些常用術語的定義簡單而又非技術性，對此，我由衷感謝洛杉磯律師 R·C·皮克林先生，因其豐富的實務經驗使資訊更加準確，他的解釋如下：

- 　房地產經紀人 (Real Estate Agent)：即代表不動產買方又代表賣方，協議應該以書面形式簽署，該協議按照法律授權經紀人在收取佣金的基礎上能夠從事房地產買賣。
- 　合約 (Contract)：在兩者或更多人之間應該做或者不該做的特定事情形成協議，當合約涉及不動產時必須是書面

形式。

- [ ] **選擇（Option）**：在一定時間和一定價格範圍內，財產所有者和給予他人權利去購買和接收財產所有權的人之間的合約。要購買地產必須要支付選擇費。

- [ ] **轉讓（Conveyance）**：任何影響不動產所有權的書面資料，包括為不動產創收利益、履行財產義務或處置財產。

- [ ] **契約（Deed）**：將不動產或財產的利潤由一人轉給另一人的書面證明。契約的種類有很多種。

- [ ] **授予契約（Grant Deed）**：通常財產被公認為擔保契約而被轉換，或者是產權明確的契約。加州的法律規定授予契約中要隱含擔保契約。

- [ ] **棄權索賠契約（Quit Claim Deed）**：當財產對某人來說有明顯的利益可得時，這種契約通常用於澄清產權。契約為收益人而確定，以此放棄權利或索賠。

- [ ] **稅務契約（Tax Deed）**：當財產的合法所有者不納稅，那麼產權可由相關司法辦事人員轉讓給已納稅的購買者。以這種方式獲得產權的財產被稱為「稅務產權」。

- [ ] **信託契約（Trust Deed）**：這種契約用於保證債務償還，或者如果財產出售者沒有還清債務，該契約會給予出售者出售權利。信託契約常常用於抵押債務。

- [ ] **擔保人（Grantor）**：製作契約的人。

- [ ] **被擔保人（Grantee）**：契約製作的對象。

- [ ] **抵押契約（Mortgage）**：支付債務時為確保財產安全所進行的書面法律聲明。如果債務沒有償還，抵押契約的持有

者有權出售財產，但是製作抵押契約的人有權在 1 年內從銷售者手中贖回財產。

☐ **抵押人 (Mortgagor)**：為保護財產而啟用法律聲明的財產所有者。

☐ **抵押權人 (Mortgagee)**：按照其利益製作抵押契約的人。

☐ **租賃 (Lease)**：授予某人的財產擁有權，或者在一定時間段或特定條款和條件下財產使用權的合約。租賃超過一年必須要作成書面文字。

☐ **出租方 (Lessor)**：將財產出租給另一個人的人。

☐ **承租方 (Lessee)**：財產出租的接受者，承租方被稱為佃戶，出租方被稱為業主。

☐ **分租合約 (Sub-Lease)**：當承租方將租來的一部分財產租給另一人形成的合約。如果在同等條件下，承租者把財產所有者的財產轉租給他人，這種交易行為被稱為租賃轉讓。

☐ **委託書 (Power of Attorney)**：授權一個人在另一個人名義下行使行為的書面文件。製作授權書的人被稱為委託人，接受授權書的人被稱為代理人。有關房地產事宜的委託書必須有紀錄備份。

☐ **商榷 (Consideration)**：將錢或其他有價物件從某人手中轉到另一人手裡時，兩者之間所簽署的合約。

☐ **佣金 (Commission)**：支付給代理人或經紀人有關製作和完成協定的服務費。

☐ **確認聲明 (Acknowledgment)**：某個人在司法人員，

如公證人，到來前簽署的協定，或其他有關「確認」的文件，以此宣布這是他的行為。大多數說明必須在文件被備份後才能被承認。

☐ **公證人（Notary Public）**：法律授權一個人享有證言權、抵押權等。

☐ **債權（Encumbrance）**：稅金、估價、留置權和其他所有關於財產的索賠權利。

☐ **留置權（Lien）**：在進行財產索賠的法律過程，可作為債務支付的安全保障，諸如建築師對其工作或材料的使用，地產供應持有的稅務留置權、抵押留置權等。

☐ **建地（Homestead）**：中央政府和某些州有關建地的法律對人們申請定居在某地作了規定，大意是有意在此地居住的人要做出意圖申明，並根據法律條款的規定改善環境。當這個聲明已得到明確備份，並且具體的改進措施已在實施中，土地的產權才可授予建地者。

☐ **轉移（Transfer）**：財產權由一個人傳移到另一人手中。

☐ **普通共有（Tenancy in Common）**：當兩個或兩個以上的人同時擁有土地或房產權，但各自擁有不同的產權項目，他們獲得的利益可能會在價值和規模上存在差異。他們獲得產權的模式不同，但他們共同擁有所有權。

☐ **共有財產（Community Property）**：這是一個經常被訴訟的主體，因為有時很難準確區別公共財產和個人財產。它是在婚姻持續階段夫妻一方可獲得的財產，但並不以獨立財產的方式獲得。法律規定夫妻任何一方在婚前擁有的財產，及個人單獨接受的贈予和繼承的財產，或者以後會

由後裔繼承的財產都屬單獨財產。

☐ **產權保險 (Title Insurance)**：標明房地產權所屬的合約或文件，文件中還要保證其所訴的產權和資訊要準確可靠。

☐ **產權證 (Certificate of Title)**：一份為確保公務人員對產權的記錄和產權實際狀況是吻合的文件。這種文件常用於各州對抽象產權的解決。

☐ **托倫斯產權 (Torrens Title)**：根據托倫斯法律規定，不動產所有權和轉讓權的處理方式和對一輛汽車產權的處理方式基本一樣。產權證要有紀錄，所有者手中要持有一個副本，以便出示產權的真正狀況。當托倫斯產權得到應用後，無論產權證還是抽象產權都變得不重要，因為托倫斯產權證上寫明完整的法定所有權。

上述定義會為家庭經營者在購買不動產時，對常遇見的一些術語奠定理解基礎。

資金來源

家庭所有者除了要具備很多理想性，比如不斷累積以應付暫時的房租、施行全方位家庭幸福措施、撫養孩子健康成長，還要有現實的資金優勢。

當一個人停下來思考幾年中支付租金累計的總額，就應該

認為越早花錢建設自己的家園越好。讓我們一起來看看下面的數字，它們顯示了租屋者有可能在合適的時間購置一塊地皮，籌劃建設自己的家園。

讓我們想像一下把支付房租的費用拿來做可賺取 6% 的投資，而且利息是複利。這樣的投資一點都不難找，估算這樣的投資我們並沒有放大我們的想像力。

即使是小家庭，每月支付小別墅或小公寓的租金低於 50 美元也是不常見的，10 年的租金就會累計到 7,904.4 美元，15 年就會增至 13,956.48 美元；每月租金達 60 美元是常見的價格，這樣 10 年下來總數就是 9,490.08 美元，15 年就會增至 16,758.58 美元；有很多人每月支付房租達 70 美元，這樣的人，10 年的房費可自置價值為 11,071.76 美元的居所，15 年可達 19,551.68 美元；每月房租為 80 美元，10 年的房租總數就是 12,653.44 美元，15 年達 22,930.96 美元；但如果你是屬於每月房租為 100 美元的階層，10 年的總價就達 15,816.80 美元，15 年就是 27,930.96 美元。

這些房租價格數字是指 10 年和 15 年的累計價值，因為對家庭經營者來說，目前的資金支出方法，使勞工勞工階層有可能進入輕鬆消費的生活模式，這種模式可允許他們在這一段時間內完全而明確地擁有屬於自己的房產。

合作公司已使那些短期內有足夠存款的人有可能擁有自己

的家園，即使他們可能沒有任何特殊的儲蓄基金足夠支付頭期款所需。

　　舊的家庭融資公司要求家庭建設者必須要有屬於自己的地皮，並且已有一筆資金用來支付建設房屋所需的第一筆款項。但建設者已擁有完全明確的地產權並不總是那麼重要，地產權清晰後常常會有更安全的條款需要滿足，還需要有足夠的自有資金用來支付合約上的第一筆款項。

　　和家園建設融資企業簽署的這些建築合約，最大的優勢是在房屋開始建設前，整合資金支出安排都會完成。

地產的選擇

　　當我們為自己的家園建設制定計畫，或者我們想要購買一處地產，讓我們先做做下面的簡單測試。

　　首先，讓我們先了解一下什麼事簡潔而富吸引力。簡潔從不意味著單調，簡潔永遠都不會過時，怪異的風格可能會流行一時，但隨著時間的推移，它會令人們審美疲勞而過時。讓我們記住，只有我們一年 365 天在房子裡幸福地居住，這樣的房子才稱得上是好房子。

　　鄰居是一個重要的考慮因素，我們應仔細考慮一下鄰居的

情況，鄰居是否是你願意交往和了解的那種人。我們必須考慮一下比鄰的人及周圍的境況，住在和自己志趣相投的人周圍，比住在和自己同類人隔絕的地方，家的溫暖程度要高出兩倍。

房子周圍的境況是否令人滿意，或者它們有沒有改進的可能，包括草地和庭院，灌木林和花叢的狀況。這些都是建設家園需要考慮的一部分。

採光度怎麼樣？光線是照射進客廳還是臥室？夏天母親在廚房裡做飯是否會感覺熱？幸福家園是需要陽光的，但無論是日照時間還是場所都要恰當。隨著採光問題的出現，伴隨而來的就是通風問題和交叉通風問題；從餐廳或享用早餐的地方望去，眼前是否有宜人的風景？這樣的風景能否增加食欲？

房屋的格局布置是最重要的，不僅要讓家務實施起來簡單，而且要使每個家庭成員都有隱私空間；此外，房屋格局規劃是否不需經過他人的房間就可直達洗手間？有足夠的壁櫥和儲藏空間嗎？六房的屋子至少要有四個大壁櫥，其中一個要有能容納樹幹那麼大的空間，或者還需有一個小梳妝臺。

這個家是否能使每一個家庭成員都感覺居住舒適：每個人都喜歡返回家中；每個人是否願意將自己的朋友帶回家中；是否是一個舒適而令人驕傲的居所？這些都是建設家園時要考慮的重要問題。

「需要花多少錢才能買得起一棟房子？」這是想擺脫「租

房」，步入一個新生活世界的人們持續不斷提出的問題，擁有屬於自己的房子可增加人的自尊感。我們發現，這個問題問的次數越多，那麼真實的回答就越多，從家居生活中找尋真正快樂的人數就越多。

很多研究者經過仔細分析家庭經營的各種事件，一致認為購買房子的總額不應超過購買者準備的 10-15 年的開銷；一般來說，一個人支付房子的費用應與自己年薪的 1.5-2.5 倍相當。

具體來說，一個人如果年薪 1,500 美元，那他支付房子和土地的費用就不應該超過 3,000 美元，其中應支出不超過 400 美元的地段成本費，留有 2,600 美元支付房子；年薪能確保 2,000 美元的人，平均來說，支付房子和土地的費用不應超過 4,000 美元，800 美元支付土地成本，3,200 美元支付建房費用；收入為 3,000 美元的人，土地成本應控制在 1,200 美元，剩餘 4,800 美元作為建設房子的費用。

在考慮我們的收入能支付起多少價錢的房子時，我們還必須記住，在支付房子的同時，我們每年還需為房子支付其他開銷，這筆開銷應是土地成本費的十分之一左右。所以，如果你擁有一塊價值 5,000 美元的土地，每年你至少應留出 500 美元支付諸如房屋維修、稅款和保養等項目的開銷。

在進行房子投資之前，精確估算房子的成本以及以後每年它的開銷是明智之舉。不同區段房子在建築和稅款的成本都不

一樣；其次，如果一個人購買房產的地方對街道、人行道、下水道等措施還沒有配備齊全，那麼他以後就要花錢分擔這部分成本，要經過慎重評估再做決定。

超出自己能力的消費是錯誤的

美國商務部在《如何擁有你的家》（*How to Own Your Home*）一書中建議，一家之主在決定購買房子之前應該問自己下列問題：

1. 家裡的年收入是多少？明年和後年的狀況怎樣？
2. 如果公司經營不好，他的社會地位是否會降低，收入是否會減少？
3. 家裡還有其他人有能力賺錢嗎？
4. 現在家裡支付的房租租金是多少？
5. 家裡目前已有多少存款？
6. 家裡每年支付房子需花費多少錢？支付住所的其他開銷各需要多少？

超出自己能力的消費是錯誤的，因為這樣做將導致通常是房產喪失或使家庭陷入沮喪掙扎的後果。應該採用安全消費，如果一家付不起 7,500 美元的房子，那麼就購買支付能力範圍內 5,000 美元的房子。身邊最好要留有一些錢，以備應對疾病

或其他緊急事件的發生。一個很具吸引力的房子擺在你面前時，也許你會過於樂觀，以至將希望寄託在你也許永遠實現不了的收入增加上，幾乎每個家庭在把積蓄投資在購房時都要減少其他方面的開銷。

在決定支付房款的總額後，接下來該考慮的問題是：按怎樣比例的開銷收入才能安全地支付房款？

要回答這個問題，並不能僅僅以支付房子的金額為基礎，家庭經營除了包含支付房款合約裡的款項外，還有很多其他方面的支付，這些都需要你做仔細的預算，這樣才不至於在輕鬆消費中筋疲力盡，陷入不必要的壓力中。

據統計，穩定收入的五分之一可用作支付房子租金或償付；但是，分析家和統計者指出，對於低收入的家庭，五分之一的房費支付太過昂貴，拿出穩定收入的八分之一做支付才算是安全消費。

不管是租房子還是定期繳付房貸，都會花掉八分之一至三分之一不等的家庭收入，實際金額由各家具體的情況而定。但是，鑑於要經過長久支付才可得到房產權，一個家庭最好為住房支付而增加儲蓄基金，這樣房子的支付費用也許會變大，而獲得產權的時間卻在縮小。

除了利息的支付和按照合約規定的分期付款和貸款，屋主必須備好足夠費用更新和維修房子，準備好稅款、特別攤還

款、保險費、水費等各種費用。習慣了公寓生活的一家人，搬進屬於自己的新家時，有時會忘記預備錢支付燃料費。

很多屋主積存他們現金或股權的利息，得到的錢用在經營家庭的開銷上。這是個不錯的方法，它不但解決了家庭開銷的現實問題，而且有助於養成良好的預算習慣，這樣當需要用錢時你會很容易拿出來，同時也增加了你為預防緊急事件而儲備的存款數額。

一家之主不可忽視對家庭的維護，即使是在新家也有很多東西需要照顧，這樣一年又一年的保持下去，直到此東西貶值。屋外的窗扇和飾品需時時重新粉刷，以後房子的外表還需整體粉刷；沒過幾年室內的牆壁和天花板都需翻修，這些事情在發生之前都應該考慮到，例如，如果 10 年後天花板需要重新整修，它的成本將會是 400 美元，那麼你要為這個項目每年準備好 40 美元的費用。

物業費及可能的特別攤還款應提前預計，每年這些稅款的具體金額心中應該有數，這樣才可以留出適當的錢來支付這些開銷和稅款。

然後就是保險金，它的價值約為房子價值的0.5%。銀行、信託公司或建築協會總是要求屋主買保險；水費或租用金通常很少，但不可被忽視。

諸如各種隔板和簷篷是必須考慮的另一項配件開銷。為了

使房子更適合居住，對房子進行裝修改進是必要的，那麼這一部分的成本應該被預計在第一年的家庭開銷中。尤其在很多低價房中，屋主需要的很多便利設備它們是不會提供的。

為構建房子和日常生活，人們在添置房產時要考慮很多重要因素，而這些需要考慮的因素，最終結果需由不介入此事的第三者決定，不應由為銷售產品而向你提供商品的人決定。

環境好才是優質的居家選擇

涉及到房產地點的選擇時，你所要面臨的第一個問題是這裡的土地價值是高還是低，然後要考慮從這裡到你工作地點和購物中心的交通是否便利，再者要考慮安全措施是否周到，比如說鄰里間的房屋建築風格、區域的劃分、城市的規劃、消防和員警保護措施，以及其他一些可幫助你決定房產真正價值的因素。

你要購買的房屋所處地段的具體位置，是指房屋周圍的居住環境品質，這些因素你要仔細地斟酌。整體居住環境包括房屋與學校、房屋與孩子玩耍空間之間的位置關係，這些因素都可幫助你評估和決定房屋的真正價值。

從家庭經營的角度決定房產價值的其他因素是指該地段本

身的特點，比如樹蔭、灌木、可建造園林的數量；房子的採光度和風向；土壤的種類以及是否有必要劃分土壤等級，對其實行填充和排水等。

對有些人來說，為做一件小事產生出那麼多壓力是愚蠢的，有些人還會說這麼仔細的分析會扼殺人們的熱情，而這份熱情對任何家庭建設都很重要。但大多數人都是第一次買房，對他們中的很多人來說，毫無疑問，這是他們平生最大一筆投資，也是他們所做最重要的一筆投資，他們只有妥善規劃，才能支付起他們最想得到的紅利，那就是幸福。如果做出明智的投資，那麼他們就會向進步和成功邁進一步，相反地，如果出現差錯，那有可能導致巨大的損失，將其儲蓄揮霍殆盡。為這些小問題提供深入的答案，用普通的常識來看待這些小問題，會為我們的價值標準提供借鑑，因而避免我們在以後的歲月可能出現的遺憾。

我們中很多人都經歷過尋找房子的磨難，也深知這項重任的繁瑣，但房子的挑選要好過地點的挑選，當我們一見到房子時，我們就能決定這是否是我們心目中想要的那種居所，但這種決定完全是我們眼睛所見和想像合成的結果，所以這並不重要；選擇要基於產權的價值，這樣才不會給以後留有遺憾。

房址的選擇通常是某種妥協的達成，我們需在自己夢想的居住地和實際經濟能力允許支付的居住地之間權衡利弊。人們

往往必須在大城市中繁華高價地段購買小面積住宅和在土地價值還沒高到按英尺計算的遠郊地段購買大面積住宅之間做選擇。但在我們做出選擇之前請不要忘記，如果有一個布滿綠油油草地的院子，會有助於孩子的成長，同時也會為家庭主婦料理家務提供很多方便。

如果我們為了獲得大空間、草坪和花園而選擇偏遠地方購房，我們必須格外留意通往市內工作地點的方便交通。僅憑房地產商承諾的一條地鐵線或大眾運輸系統即將在不遠的將來開通是不夠的，人們不能等待承諾，因為大家都需按時去工作；同樣，勤勞的家庭主婦必須去商場購物，所以要有良好的交通工具，她們才方便去商場採購。

現在大城市普遍採取區域劃分系統，有助於我們做出適當選擇。了解一些區域劃分系統的知識，會幫助你遠離哪些飽受工廠污染、公共車庫和擁擠商業區侵擾的區域。

很多地方在區劃法沒有生效之前，建設私有住宅或商辦的權力是受限的。房子買主一定要仔細詢問關於這方面的限制，以決定這些限制是否會為他們提供一個有前景的未來。要了解這些限制是否已經生效或不久就要到期，做決定前一定要關注這些限制是否對附近其他房產業同樣有效，可能有一兩座大樓的建設不在限制範圍內。

噪音也應是考慮要素之一。街道上穿梭的車流會給孩子們

帶來危險，而且夜間重型卡車的行駛也會破壞寧靜的生活，干擾家人的休息。

不管我們有多獨立，我們都要與鄰居相處，鄰居的選擇是一個需要考慮的因素；也許我們沒有太多時間與鄰居往來，但我們的孩子會和鄰居的孩子一起玩耍。給孩子一個適當的成長環境是可取的。

在即將居住的社區裡，學校、公園和操場的環境是否都令人滿意？如果可以得到這些條件都具備的理想居所，那麼母親身上的擔子會減少很多。

投資房子甚於投資土地

幸福家園地點的選取絕不是透過 10 分鐘的會議和半小時的考察就可以決定的。

「關於房子地段的選擇我們要支付多少錢合適？」美國標準局發行的小冊子《如何擁有你的家》中分別陳述了有關建築和室內的情況，我們從中找到以下幾點資訊，也許可以指導你處理好這個問題，但必須記住一點，政府發放的書一定是針對全國平均狀況而言，有些地方可根據自己的實際狀況做一些改變。書中這樣寫道：

「居住地段的支付費用很大程度上取決於周圍的環境措施是否完善。如果居住地段周圍的街道、柵欄、人行道、水電服務、煤氣和污水管道都未進行改善，那麼這個地段的價值大約只能占房子總價值的 5%，最高不能超過 10%。

如果上述的所有條件都很完善，那麼地段的價錢通常應占房子總成本的 20%，很少有超過 25% 的，而這可借鑑最近出現的按英尺度量商品價值的估價方式。

購買不昂貴的地段就會省下更多的錢用於支付房子本身，在廉價地段購買結構完善的房子要比在昂貴地段購買不盡人意的房子明智。一個比周圍鄰居房子都要昂貴的房子也許很難會賣上好價錢，在昂貴地段的廉價房子也許根本不會增值。

「買較便宜的地段，花更多的錢買房子」這句話應該牢牢印在所有購屋者腦海中。如果一直把這種思維放在首位，把它作為決定地段價值所要考慮的各種因素的基礎，買家就能抗拒誘惑，避免屈服於推銷員極具吸引力的推銷，那麼這個銷售案就會被保留下來，多年一直處在「銷售中」。

這種思維同時也引來另一個值得考慮的問題，預先購買有望以後建樓的地段，以及以後的增值會使現在的購買成為一筆投資，而不是處在觀望猜測的狀態中。如果要預先很長一段時間購買房產，那麼請記住稅款與此同時也要持續上交，對周圍街道和其他生活措施可能會進行特殊的評估方式，支付在土

地的資金利息也會不斷流失。所有這些費用都必須算在土地成本中。

角落地段有其優勢，但街道改善過程可能要費些力氣。如果使用圍牆柵欄的話，使用長度要更長些，修建人行道的成本也很高。土壤堅實的土地要比土質濕軟的土地值錢，因為要打好地基防止意外事故發生，在土壤上需要加填充土或人造土，這些都會算在成本中。岩石接近土壤的底部，在建築樓房時它的價錢通常比較貴；另一方面，在房屋建築完成前，填充或等級測量需要額外的費用。在購買土地前要做大量仔細的審核工作，完整的成本估算需要把這些費用含在土地的售價中。

還有三點重要的事情要做：確定該房產的價值、保證對該土地調查的正確性、確定該房產周圍的境況。一般的購買者要確定這三個因素，需要能力優秀且不涉及利害關係的人幫忙，除非你受過特殊培訓，擁有豐富的經驗，你才可自己確定這些因素；在你獲得有關這些因素的建議之前，明智的作法是延遲臨近的交易合約。

相對來說，房產的價值核實要簡單一些，價值的高低並不總要由當時周圍樓群的出售價作為評判標準，由於種種原因，銷售價格經常要比這個地區的實際價格要高。土地的價值絕主要取決於它建立住宅的可能性，而這可由專家做出最佳估算。

建築和貸款協會或其他一些從事建築貸款業務的組織，所

給的房產估算價通常是判斷的安全基礎。這類機構將會提供 60% 房屋貸款，但他們對土地的貸款不會超過 40%，依此可以推算銷售商是否開價過高。

出手前多做調查，就能減少錯誤投資

「在我蓋房子之前是否有必要對這塊土地進行調查？」一個傑出的房地產商對這個問題的回答是：「答案應該永遠是『是』」。事實上只存在一種例外的可能，那就是工程師已經完成了管道的細分工作，有關土地的最後風險情況已經確定。很多需要付出昂貴代價的錯誤，都應歸咎於買主沒有對所買的地產做出正確的調查就開始建房。

建築中鑄下的大錯，導致房產建設中其他必需費用受到侵占，以至於需要付出改變房屋結構或樣式來減少這些費用的支出。調查的費用比起彌補可能出現錯誤的費用要少得多——調查成本費約是 30 美元，而彌補錯誤的費用可能達到上百甚至是上千美元。

再次引述上面提到的那位傑出房產商關於作準確調查的必要性表述：「對調查這件事的用心程度，展現在對住宅土地大小和特殊地形的調查；此外，山腳或山區的土地崎嶇不規則，

都會給你帶來各種不同的麻煩,遇到這種類型的土地要格外小心它是否會被封閉,這些情況都應在契約上有妥善描述。這個象徵性的費用也許不能被屋主的平常心所接受,他們認為在自己的土地上蓋房子,不應該被剝奪權利。」

近年來,擔保公司在處理銀行和融資公司對房產的貸款事宜時,對產權名稱的認定要求很嚴格,產權名稱是土地購買者不應忽視的事情。購買土地的名稱明確,能正確描述房地產屬性,這還遠遠不夠,你還需知道該土地是否有地役權,比如說有權授予其他財產,有權授予通訊公司或水利系統在這塊土地安放電線桿或開通水管。因為這類地役權的存在,會為購買者以後造成不便或支付更多費用。

這些事務並不複雜,人們要確定相關資訊所要面對的困難也並不是很大。

當土地購買的所有細節都處理完畢後,就到了令人愉快的建房階段。但如果不考慮開銷計畫,只是一味地樂觀,那麼實施整個建設計畫的過程就只意味著消費支付,而消費支付即表示要調整預算,或者讓支出與收入達到平衡。

一般來說,土地購買者在獲得房地產的過程中往往忽視了最重要的一點,即建立信貸基礎;他們忽略了樹立信貸聲譽,而這點會有助於融資公司借貸人員做出貸款的決定。

幾乎任何一個借貸人員都會告訴你,在貸款申請中他們最

先考慮的事情就是貸款者的信譽度。確實，安全必須要得到保證，但即使安全度達到金邊等級，借貸人員對允許借款這件事的態度也會很猶豫，除非他對申貸者的信貸聲譽感到滿意。

這些人指出，很多人以分期付款的方式購買空地，當購買了這麼貴的土地，就要設想到我們應承擔的義務，因為支付土地的高昂費用可能花光我們所有積蓄。

當然，月復一月、年復一年去支付購買土地的費用，直到付清所有費用，購買者就能在他購買土地的公司那裡留下良好紀錄。但這種紀錄在銀行或融資公司那邊意義卻很小，因為在這期間，購買者在銀行的存款數額很少。

人們都願意為舊客戶服務，借貸人員覺得有義務為那些長期在銀行存款的顧客服務，這是很自然的。這些顧客年復一年在銀行存款，在銀行中留有紀錄，因而徹底地樹立了他們節儉的品格，留下他們可信任的人格形象。

如果你有能力買一塊地，請設法在地產支付期間建立自己的現金儲蓄。也許這意味著你要買一塊稍便宜的地或支付的時間更長些，但這種方式可使你的財政預算更便利簡單，更具獨立性。

關於建屋貸款

當我們已經明確擁有土地後，我們該如何著手籌資建設我們的家園呢？

首先去一趟辦理業務的銀行或者相關的建設和信貸協會，告訴他們你面臨的所有問題，並聽取他們的建議，然後再和實際的融資代理和承包商商議具體事項。

銀行通常願意貸款給他們的老顧客，且銀行會嚴格遵照國家規定的相關條款辦理貸款。通常銀行的貸款額會占土地估價和經批准的預期房產總值的 40%，如果土地的估價為 3,000 美元，預期房產總值是 7,000 美元，銀行對此財產的估價就會是 10,000 美元，基於此估價，銀行可能會提供約 4,000 美元的建築貸款。

必須要記住，銀行的估價不是以出售價為基礎的。銀行通常不會把銷售價或開價作為融資的基礎，他們會考慮到強制出售土地可能帶來的所有收益，而且他們會盡量增大房子的價值，他們會考慮如果把房屋和土地放在一起銷售能帶來哪些好處，所以他們通常在第一次貸款時借出約占總價一半的資金。

這些貸款通常為三年，利息每年通常是 5-7%，附帶費用是產權保險、火災保險和產權評估費。但如果在合約中寫明你要建築價值 7,000 美元的房子，那麼剩下的 3,000 美元也可移作他

用。如果土地的所有者能有計劃地儲蓄，他手頭有足夠的現金支付他購買的土地，這種情況非常好，因為他會有 3,000 美元到手，並在銀行留下了更好的信用紀錄；如果他沒有足夠的錢支付土地，那麼他只好透過第二次抵押貸款確保資金，但第二次抵押貸款的成本往往比房屋建築的金額還高。

很多人認為第二次抵押貸款和第一次抵押貸款的不同之處僅在於如果無法支付買金，第一次抵押可抵償所買地產，但兩者的區別遠不止這些。兩者屬於不同的融資類型，所以經營它們的市場也完全不同。

由於第二票據融資需要高於平常的利息和饋贈資金以吸引投資人，所以辦理過程中需要簽署一份信託契約，一份寫明已收到 10%-25% 現金的說明。它通常要求支付 36 個月的資金，其中包括 6%-7% 的利息，所以等錢付清了，第一次抵押也到期了。

然而事實上，考慮到自貸款日起的所有預借現金、實際所得，或者信託契約說明的費用，應該是每年 18%-40% 的利息，而不是 6% 或 7%，說明書上顯示的利息是折扣的金額或折扣利息的金額。

當然，這個了不起的知識必須用來承擔好第二次抵押貸款資金的安全運轉，第二次抵押需要激發有節儉和儲蓄意識的家庭經營者打點預算，這樣他們手頭就會有剩餘的現金去支付包

括第一次抵押貸款在內所需的資金需求。通常關於融資問題，尤其是第二次抵押的問題都是由「融資商」進行處理的，他們不但承擔建房的義務，還要提供必要的資金。

融資公司和貸款協會為房屋建設的貸款提供了一系列優惠措施，這可由借款者支付建築物和貸款合約的利息和直接支付銀行貸款的金額比較看出來。我們其中一個非互助協會收取年限超過 9 年貸款額為 1,000 美元的貸款利息總額只有 441 美元，同樣的貸款數額及貸款年限，若在銀行直接貸款，利率為 7%，支付額為 630 美元；此外，借款人若連續兩次貸款，他還必須支付重新設定的費用。

通常從建築和貸款融資公司借出來的資金，比銀行評估的貸款額要高；同時，融資組織操作嚴格按照規章制度進行，各組織在處理家庭建築貸款方面的事宜要比銀行所營造的自由度大。

關於建築和貸款協會

通常來說，有兩種建築和貸款協會：互助協會和非互助協會，後者也叫保證資本協會。這兩種協會支付貸款的方式也是不同的，兩種協會各有各的主張，各自為某些不同階層的貸款

人提供更好的服務。

在互助協會中，借款人從貸款金額中每 100 美元可得一股，並要用其股份、信託說明和抵押物保證其貸款的可靠性。在這項計畫下，借款人每月定期支付他的股票，同樣每月也定期支付其貸款的利息；在這期間，他的股份參與協會的運作。

當對股票的支付額加上股票的收益額達到股票成熟價，那麼整個合約就會終止，股份將被交還給協會並被取消，借款人的貸款也隨之被取消，他的各種協議也會返還給他。

在互助協會裡，貸款究竟什麼時候能付清是不可預測的，因為股票的收益是不能預先知道的。在互助協會中，借款人，同時也是股東，必須擔負常規股東的負債。

在非互助協會裡借款者不是股東，他在信託說明和抵押上為房屋建築的貸款和他向銀行或個人借款性質是一樣的，他需要按月平均支付款項，每月的利息被計算在沒有支付的欠款內，利息從支付的款項中扣除，餘額歸於本金。在非互助協會裡，還完整個債務所需的精確時間和借債人的準確開銷是不可預知的。

我們可以看到，事實上建築和貸款協會的宗旨是鼓勵節儉生活，他們的一個重要業務是幫助人們貸款來營建家園，或者還清家中已經存在的貸款，他們的基本思想是鼓勵家庭擺脫債務的困擾。

雖然建築和貸款協會的利率通常比銀行高，且貸款金額通常比銀行高，但是，在建築和貸款協會的借款會因為他的股票收益而不斷減少，或直接減少利息。

關於承包商的 7 點建議

建築和貸款協會不會負責蓋房子，也不會真的去購買或出售房地產，不應與建築公司或投資公司混淆。建築和貸款合約中每個月的支付通常比同類型房子的租金要少——他們提供機會，以「支付租金給自己和擁有家庭的自由和寧靜」。

人們常常指出，全國各地在過去幾年裡，出現大量的劣質建築，劣質的建築物缺乏耐久性，並附有高額的折舊費用，原因在於工程偷工減料，導致建築物缺乏耐久性，而這些都不利於建造良好的生活條件。

人們通常犯這樣的錯誤，認為自己很熟悉房屋建築的方式，缺乏房屋建築經驗會讓人付出很大的代價，而且這種經驗缺乏很難輕易被克服；經驗不足導致的另一個損失是，建築者因為趕時間，缺乏初期的投資資金而造成資金流失。此外，因為缺乏建築中所需的一流材料，幻想建造低劣建築而不會產生惡果的心理，都會給建築者帶來沉重的損失。

所有這些行為都會導致劣質建築的產生，而這也是導致建築者損失的最昂貴錯誤。有一個簡單方法可以避免這個錯誤發生，那就是保證建築師的優秀性，告訴他你渴望什麼樣的建築方式，例如你可為房屋花多少錢，以及關於居住地點的其他因素，然後，當建築師做好了計畫，拿出你要求的具體方案，你再和他簽署承包建築的合約。

如果你的建築師是你避免重大錯誤的無價助手，那麼當你聽取了這位值得信任的建築師的建議，並設計好建築藍圖，同時資金問題得以解決，那麼你這個萬事俱備的房主就已經前行在實現美好未來的道路上。你下一步該做的是草擬建築合約，和選擇最具資格的建築商來承包你的工程。

但是在我們步入房屋建設之前，我認為最好應該反復參閱住房建築商協會為保護房屋建築者的利益設置的七點建議。但不幸的是，很多建築者蒙受的損失本來是可以避免的，如果他們之前了解了這 7 個簡單的建議。它們分別是：

1. 徹底調查清楚你的承包商的信譽和財務狀況。

2. 簽署合約且以書面形式規範。

3. 在開工之前徹底籌集建築項目的資金。

4. 預備好合約附件。

5. 建築施工期要確保建築的防火安全。

6. 你支付承包商開銷費用時要向他們索取從材料商、分包商和供應分包商材料的經銷商那裡的購貨發票（上面署名你

的工作單位）。

7. 存檔工程完結的證明。

忠實地遵守這些建議，會使房產擁有者在應對財產留置法時避免損失，法律規定財產擁有者應對勞工或房屋建設所使用的材料負責，而這項法律的規定使高信譽的產權擁有者及高級承包商陷入緊急狀態，因為這項法案有權提交財產。它們建構了留置權，如果承包商還沒有支付支票額，即使房產擁有者已經預先支付了承包商的所有開銷，留置權也可將房產作為抵押物。

該法律規定房主可以向承包商索要履約承諾的契約，這意味著承包商對各項開銷應完全按照合約中的規定進行，因為法律規定任何留置權的支付都要用財產進行交涉。承包商會提供這樣一個履約保證——建築施工者不會有任何提前的報酬，或者違反合約或以任何方式未經書面許可的債務。

建築合約付款條件通常建立在以下基礎上：第一個 20% 的資金使用時間是，當第一樓主梁已到位和粗鋸材正在加工中；第二個 20% 的資金用於屋頂的建造；第三筆 20% 的資金用於粉刷房屋；當大樓落成時使用第四筆 20% 資金；最後一個 20% 就是技工留置權備案的時候。

在工程已經完成 10 天之後，基於業主和承包商之間的相互理解，一個正常的「竣工通知形式」應提交給地方政府的辦

公室，這通知允許 30 天為材料商、勞工或分包商提出留置權；如果沒有提交竣工通知，90 天是允許的留置權備案時間。

實際上，房子的建造合約有兩個最重要的項目，首先是合約形式的訂立，第二是承建商的選擇。合約中必須有建築師編寫的費用估計條款，建築師按要求獲得至少三個負責任的承建商的投標，應該選擇最低預算的那家，且他的信譽和財務狀況良好，以取得一流擔保公司的債券。

一位著名的建築金融家在提及擔保協議的必要性時說道：「一個房屋建造者一旦未能與其承保人達成約束性協議，他相對的就不能在完工後使其工程包含火災險。他們都屬於同一範疇，對於保守且謹慎的商人而言，這些都是必要的。」

合約最常用的形式就是一次性付清，其中承包商負責用一定數額的錢支付工作進程中的各項費用。這種形式的合約使房屋所有人對房屋建設將花費的實際費用有明確了解，因而也使他能夠制定相應的計畫。然而，這樣的合約也有可能變成騙局，除非承包商為自己能可靠地執行工作做出約束性的協議。

在某些情況下，「成本加價」的合約形式將會為合約雙方同時提供益處。此種形式的合約規定：地產擁有者將付予承包商房屋建設的實際成本，加上對其提供的服務以及涉及到要使用的工廠和組織所需支付的補償費用。在某些情況下，這種補償費用將採取「固定費用」或明確的服務形式支付給承包商，

而在其他情況下，它可能是總成本的某個固定百分比。

對於無預算限制的人而言，「成本加價」的合約形式擁有幾項優勢，他可能會在工作進程中對房屋建設做出修改、添加、刪除，並且處在審慎監管所有建設項目的位置。然而，對於有預算限制的人而言，這種「成本加價」的合約形式是很危險的，除非他已要求承包商保證成本不會超過某一規定數額，並且有一份來自承包商針對合約履行的擔保協議。

如果房屋擁有者在建築過程中堅持一些將會增加建築成本的改變，他必然不能期望由承包商來承擔這部分的損失，他必須準備承擔新增加的成本，除非這樣的情況包括按比例分享充分展現在合約條款中。

關於融資承包商

為了得到一個清晰的關於透過融資承包商來處理建築的綜合分析，我們得到了美國洛杉磯房地產融資諮詢公司副總裁哈利·F·霍薩克（Harry. F. Hossack）的幫助，他已經在南加州與房屋建設公司合作多年，並且深悉國家在此區域實行的不同計畫的進程。

他說：「很少會有想在其土地上建房子的擁有者具備這些

條件，包括了解建造方式、對自己能力的信心，或者足夠的時間用於拜訪所有可能的第一次抵押貸款的來源，以及獲得第一次抵押貸款後，安排拜訪若干第二次抵押貸款提供者，並且為所謂的折扣、第二票據或信託書的條款做準備。大多數情況下，他將這些事宜交由一個融資承包者去處理，融資承包商主要就是從事房屋建造以及資金提供。

當這種情況發生時，融資承包商僅僅將這些費用添加到合約的總額上去，並且給業主這樣一個包含所有花費的數額。舉例來說，如果房子完工所需的金額為 4,000 美元，他將花費第一次抵押貸款 2,500 美元，含 5-7% 的利息，3 年內付清；剩下的 1,500 美元則是分 36 個月等額支付，含 6-8% 的利息。他可能在開工前完成票據的談判，又或者等到房屋完工才賣出第一和第二票據。如果可以，他將會等，因為他將可能節省一些買主要求的對於那些尚未建成的房屋票據的折扣。

假設承包商有權使用 3,500 美元用於工作，而業主將給他全額現金，這時問題自然而然就產生了。那他向雇主收取的用於房屋建設費用剩餘的另外 500 美元是什麼呢？它是這樣算的：

如果土地價值是 1,500 美元，而房子的實際價值是 3,500 美元，它的估價就是 5,000 美元，基於此估價，其最大可售第一次貸款將占 50%，也就是 2,500 美元。剩下 1,000 美元需要包含房屋建設的成本。

除了這額外需要的 1,000 美元之外，融資承包商預計他將不得不給予 75 美元的饋贈資金，同時也料想到了第二票據含有 275 美元的折扣，這就使得原本 1,000 美元的成本增至 1,350 美元。

但是第二票據和第一次抵押貸款的成本總額加起來也不過 3,850 美元。看得出來，如果承包商能提前安排在這些成本下的第一次抵押貸款和第二次抵押貸款的銷售，他的合約價格僅僅是表面上的第一和第二票據金額，換言之就是 3,850 美元，而不是 4,000 美元。但是不會有承包商會愚蠢到來承擔這些責任，而這些責任在全現金運作中屬於擦邊球。實際上，他們也不會將自己限制在 4,000 美元的價格，他們不僅會將 150 美元的應急花費算入其中，還會算入他們推銷方法能到達的更多價值。」

霍薩克指出，我們應該留神那些融資承包商的財務能力，他說道：「一個充分利用這項業務的承包商需要更多的花費，而這些花費對一個全額現金的承包商卻不需要。它需要的是特殊的才能、時間和經營這項業務的連接操作，而這些到最後很少是有利可圖的，於是繼續擴張成了目前的趨勢，他們承擔了越來越多的工作，捲入越來越多的票據之中。然而，危險的是，當資金突然很難到手時，那些急需運轉的房屋建設將會廣泛被延期，並且一大批正在進行的工程將會遭遇到極大的困難。」

公共責任保險必不可少

以借款來建設房屋的人，在沒有得到資金一旦被同意就會馬上到位的明確表示前，絕不能與任何個人或企業達成交易，否則，業主、承包商以及為此項工程提供材料及勞力供應的人都將遭受損失。

聰明的房屋建築者將會透過一些簡單的預防措施和適當的保險來保護自己的利益。首先，他要確定這項工程的承包商擁有完善的工人補償及公共責任保險。就工人補償而言，如果這個承包商的一個員工在建築的作業過程中受傷，而承包商無法賠付這筆意外傷害費用，這時，就可由保險來支付。這項保險，一般是以適當的比例由承包商負責。

公共責任險也是必要的，有時候就算有些業主本人願意承擔，但通常還是由承包商來承擔。這項保險在保護承包商和業主的同時也保護房屋建築者，讓他們在房屋建設過程中，應付處理諸如人行道意外事故、街道堵塞、工地零件掉落及其他傷亡事故，使他們免於遭受人身損害及由其引起的賠償與訴訟。對於業主而言，將他們在此項政策下的利益與承包商的利益結合起來是非常容易的，而這種結合就使得他們得到聯合保護。

房屋建設工程伊始，就應當起草火災保險單，其中應涵蓋相關各方的利益，且在合約中也要指明各方利益，尤其要提及

業主、建築者及任何抵押貸款持有人的比例。這份保單也必須詳細說明在工地所有用於房屋建設的材料與供應，同時還必須說明，當房屋建設完工後，此保單仍將繼續生效，直至失效日期。

大多數人對把握適當形式的保險還沒有給予足夠的關注。如果有人手持一張恰當填寫的保險單，在調節及全額賠付損失上，持單人將不會面臨任何困難。然而，除非他已經將地產投保並且花費了大量時間及精力去充分了解保單上列明的所有條款及先決條件，否則他很可能會發現在購買保險時沒有將那些與他設想程度相近的可能損失涵蓋在內。保險單通常都是精心印製的，但它需要你花費更長的時間和更多的精力去閱讀及了解，這樣的閱讀及理解是十分有益的。

合理的裝修費用

據廣泛的數字估計，平均每套住房的每間房要花費約 1,000 美元。

我們把一套房屋看作在一片 24.529 英尺的土地上建立的小家，這套房子有一個寬敞、帶壁爐的客廳，一個舒適的臥室，一個便捷的廚房加上餐廳，一個帶固定浴盆、燙板及紗窗的門

廊，一個合理布局的浴室，和一個精緻的前門廊，上面懸掛著一個吊床。

　　在每間房 1,000 美元的基礎上，還要花費大約 3,000 美元，各項目如下：

1. 建築許可，18 美元；
2. 地基和碼頭，65 美元；
3. 水泥運輸和步驟，55 美元；
4. 煙囪，50 美元；
5. 粗木料，395 美元；
6. 成木料，60 美元；
7. 窗框、門和玻璃，150 美元；
8. 木工，500 美元；
9. 紗窗，30 美元；
10. 管道，260 美元；
11. 金屬片，25 美元；
12. 石膏和灰泥，415 美元；
13. 下水道連接，35 美元；
14. 樓爐，35 美元；
15. 電線，85 美元；
16. 電動裝置，60 美元；
17. 硬體，75 美元；
18. 硬木地板，135 美元；

19. 組成排水板，18 美元；

20. 熨燙板，6 美元；

21. 色調，25 美元；

22. 壁爐架，30 美元；

23. 繪畫和著色，200 美元；

24. 承包商，275 美元；

25. 計畫和明細，25 美元。

　　這些數字總和是 3,027 美元，還應該增加 100 元的監管費，使總額變為 3,127 美元。然而這種監管費是非強制性的，可以省略，房子的主人會發現這些錢花得恰到好處，因為這將防止劣質材料或工藝出現在房屋裡的某些地方，這些劣質處不會在房屋建設完工後顯現出來，但卻可能縮短這間房屋的使用壽命或增加其維護費用。

　　該片土地已被選定和購買；房子的計畫也已從多個角度討論過，並且做好了決定；融資已經安排好了；已選定承包商並且簽署了適當的協定；在木工的協助下材料已經交付到工地，並且石匠、電工等都已逐漸進入我們的建房計畫；房屋建設完成且已付清款項。當所有這些事情完成後，我們仍不能稱其為家，我們擁有的只是一所房子，是根據我們的計畫和諸多選擇建立起來的房子，直到我們搬了進去，並且真正開始在那裡生活，它才能稱之為「家」。

將房子轉換成家

我們在房子裡的生活，那些快樂，那些愉悅，那些舒適，以及那些自豪，所有這些都有助於我們建立那種被人們稱之為「家庭氛圍」的東西。家庭氛圍決定我們的房屋是否是一個好妻子能夠發現快樂的地方，是否是一個丈夫在經歷了一天的辛勤工作後願意並且渴望回去的地方，是否是一個比起附近的院子、街道、公共操場或轉角處的電影院、孩子在玩耍時更能找到快樂的庇護所。

在這些情況下，家庭的便利和舒適發生了很大的作用，對於家庭主婦尤其如此，因為這個家對於她就好比是一個實驗室，她可以在裡面充分實踐自己經營一個快樂家庭的科學知識。如果家庭安置妥當，她就能夠在付出最小努力的情況下充分施展自己的才能，並且由此得來的成果是更加難以衡量，更加無價。

一般家庭已經普遍接受家庭的便捷和舒適需要投入成本，一些小的瑣碎的事情使得辛苦勞動與輕便的家務截然不同。為家庭主婦提供這些生活機能，會使她更有氣力和時間投身於為家庭其他成員謀劃快樂的事情。

既然我們已經擁有這幢夢寐以求的房子——這些日子以來我們一直為它省吃儉用、積存積蓄、購買時幾經考慮，既然已

經為它投入了那麼多時間，那麼也別忘了花同樣的時間偶爾適當地從房子裡面出來一下，如果我們思考自己幸福的同時也能體貼和關心其他人，並藉此達到家庭和樂，我們將會得到更大的幸福股息作為回報。

　　這樣，我們的房子就成了一個家，一個真正的家，而不僅僅是一個只供小憩一會兒的地方，或者一個我們稍事停留，直到有人願意購買並且我們也能從中獲利的地方。很大程度上而言，愛國主義僅僅就是對於家庭的愛，我們必須首先對自己的小窩懷揣愛國之心，才會對我們的國家胸懷愛國之心。

第 6 章
保險

保險與融資

我們先了解一下保險，看看它是否適用於我們的想法。

很多持有保單的人其實沒有意識到保單在貸款方面給予我們的協助。鑑於世界上 90% 的生意都是靠貸款完成，這是一個很有價值的考慮因素。我們在很大程度上也沒有意識到保險會有助於我們擁有房屋，甚至成功地經營企業。

貸款的價值怎麼估計也不會過高，它是所有業務的基礎。在保險上的投資不僅能對投資獲得較好的回報，而且標誌著投資人的思維謹慎正直，在信用方面也能夠獲得豐厚的紅利。

紐約市大通國家銀行董事局主席 A·巴頓·赫本（A. Barton Hepburn, 1846-1922）曾經說過：「當有人來借錢時，我們想知道他投保了多少人壽保險，與其說因為這會對他的經濟實力產生影響，不如說這表明了他的思維方式；因為這種思維方式在促使他投保人壽保險的同時，也能使他獲得商業上的成功。」

我們是不可能估計出保單在多大程度上有助於獲得購屋貸款的。銀行所辦理的大部分是不具有附屬擔保物的小額貸款，很多人就是因為具有由人壽保險支持的信用貸款而完成大學教育。

人壽保險在企業融資方面也有很大的作用。金融機構從來不想要接管客戶個人的有形資產，因此對於那些控制力被剝奪

而盡力要保護生意夥伴免受損失的商人來說，銀行會給予他最大的考慮和最低的利率。

據估計，75% 的企業價值存在於企業控制人員的頭腦中。當企業還掌握在他的手裡並確保不會被剝奪時，償付能力就得到了保證，信用地位也會建立得更牢固。與沒有人壽保險保護相比，有人壽保險保護的協議更有可能獲得成功，並且對倖存的合夥人和債權人來說成本也更低。

個人開辦的企業比與別人合夥或公司更需要信用保險，因為這樣的企業通常不太符合擔保貸款的要求，而且當保障僅僅建立於個人基礎上時，金融機構就不會放心地提供資金以促進企業發展。

一本書中寫道「內心知足遠勝於擁有巨大的財富」，這種滿足是源於投資人壽保險而獲得的眾多紅利之一。如果我們不能考慮其他形式的人壽保險，至少我們可根據有時對它的簡潔性描述而把它作為「為了期貨交割而購買金錢」的生意。

5 個要預防的一般風險

我們都可能會面臨 5 種風險，而這些風險都會降低我們的工作能力。當這些風險來臨時，會使最為精心計畫的預算變得

一無是處，這5種風險包括：疾病、失業、意外、晚年及死亡。

對每個人來說，應有一個合適的保險來確保免受這些風險。在大多數情況下，為防止生病受到損失而提供保護的保單，也可以保護被保險人免受因意外而帶來的損失；晚年生活充滿了上面所提到的其他風險，而且大多同時會伴有疾病、車禍及失業等，對於晚年所帶來的危險，世界上知名的保險公司都列出了無數遠期的保險形式、捐助、和收入政策。

無論什麼形式的人壽保險，由於它給保單持有人所帶來的信用地位及借款能力，能夠極好地保護保單持有人免受因失業而帶來的損失。

關於死亡，尤其是具有建造家園義務的人去世。據統計，在10,000個25歲通過體檢的已婚男子當中，1年之內會產生80個寡婦，5年之內會有410個，10年之內會有841個，20年之內會增加到1,682個。

考慮一下這些事情：大多數建造家園的人都必須透過延期支付的方式借錢建造房子，透過合約購買建造房子的土地，形成一種抵押，或代表借款。有時根據建房所需要的金額，建房者會將財產進行兩種或更多抵押。有一種保單能保證這種本金與抵押利息的支付，且這些保單還有進一步的優勢，即如果建造房子的人用自己的收入還清了所借的錢，房子便沒有債務了，但如果在財產抵押期間去世了，那麼不僅債務能全額償

還，而且家人還能額外得到等同於已經支付的財產抵押的本金的資金，這是一項值得所有以財產抵押的房屋所有者注意的計畫。

房主在早年時還可以以較低保費獲得另外一種保單，以確保從 50、55、60、或 65 歲開始，能夠每月領到一筆錢來維持生活；或者如果他在財產抵押期間就去世了，他所投保的保險金能全額還給他的家人。

還有一種捐贈保單，這實際上是一種經過保險的銀行存單，能夠確保在去世時償還全部的債務，並為家屬提供充足的保障。保單所提供的養老金為老年人提供了一種安全投資形式，這些老人要求資金沒有風險，且需要較高的回報以供應生活。

另外一種越來越獲得家庭男主人認可的保單，就是大家所熟知的 6% 收入保單。這種保險使得妻子只要在丈夫去世時還活著，就可以領到 6% 所投保的金額，而且在她去世後，所投保的金額會全額返還給她的孩子。

各行各業生涯資產分布狀況

不是所有形式的保單都適合所有人的需求，但有一種保單

要求適合所有人，就是向信譽良好的保險公司所委任的客戶代表提出你的特殊問題，並獲得建議。

在做金融專案規劃時，了解一下達到最佳效率的配置及獲得累積的可能性，對我們大多數人來說都會很有幫助。喬瑟夫‧J‧戴夫尼（Joseph J. Devney）依據 1,000 個銀行家及保險人士所提供的資訊，對 2,000 多人做了調查，作為對個人金融投資可能性分析的指南。他的調查根據不同的職業進行了劃分和歸類，我們將會更加考慮那些大多數房主所採用的類型。現在讓我們從金融方面來了解一下這些人在他們生意的不同時期都發生了什麼。

製造業吸引了很多人，調查表明在 25-35 歲的 10 年間，平均每個製造商的個人資產都很小，到 35-55 歲時成長得非常快，平均每個製造商在 55 歲時資產達到頂峰，並從這一點開始他的資產總數開始下降，到 65 歲時他的資產相當於 50 歲時的數字，到 75 歲時甚至趕不上 45 歲時的總數。統計顯示，30% 製造商的遺孀不是靠工作就是靠別人謀生。

推銷能力對於「創業奇兵」式的青年男子來說具有很大的誘惑力，他的資產累積在 25-35 歲之間迅速攀升，而在接下來的 10 年卻成長緩慢，在 45-55 歲之間又呈現快速成長並達到頂峰。平均每個銷售員資產狀況的下降趨勢非常迅速，65 歲時的狀況和 30 歲時一樣，70 歲時的狀況下降到和 25 歲開始工作時

一樣。超過 80% 的銷售員去世後，他們的遺孀或者工作，或者依靠別人來謀生。

另外，包括大學教授等教職工作者，調查顯示他們在 40多歲時達到成功的頂峰，然後就開始下降，而且在晚年時依靠別人的比例非常高。大約 80% 的教師或大學教授在去世後，他們的遺孀要靠工作或別人來謀生。

牙醫作為一種職業，顯示出下面的這種趨勢：資產狀況在 25-45 歲的 20 年間成長得非常迅速，但是在接下來的 10 年裡成長就緩慢，然後開始下降，65 歲時的資產狀況與 33 歲時是一樣的，75 歲時的平均狀況與 30 歲時一樣。超過 66% 的牙醫在去世後，他們的遺孀或者成為工人，或者依靠別人來謀生。

而商人的資產狀況在 25-35 歲之間成長得很快，在接下來的 10 年裡就開始緩慢，然後又快速成長，直到 55 歲時達到頂峰，並從這時開始就以非常均勻的速度下降，到 65 歲時與 45歲大致一樣，75 歲時的平均水準與 27 歲時一樣，大約 50% 的商人在去世後，他們的遺孀要出去工作或依靠孩子來謀生。

對於農民來說，調查顯示 25-45 歲期間資產狀況成長緩慢卻平緩，在接下來的 10 年裡就成長極為迅速並達到頂點，但是下降的速度與上升的速度差不多，到 65 歲時與 45 歲時的狀況相當，75 歲與 35 歲時的狀況也很相似；66% 的普通農民在去世後他們的遺孀要靠工作或別人來生活。

年輕人資產管理的第一課

正如從事不同職業的人所達到資產頂點的各個階段所指出的情況那樣，每個人的生活中都有一段時間，在這段時間他能感覺到自己已經達到了平均的高度，牢記這一點，我們可以計算出在不同的生活階段我們應該擁有多少保險。

據此我們會發現，應該採用累進的方式來購買保險。從這個角度思考，至於個人應該擁有多少保險才能夠在去世時解決所有債務，並留下足夠的錢使家人能夠維持生活水準，我們可以得到如下答案。

對於剛剛開始買房置業、成為一家之主的年輕人來說，可靠的理財方式就是擁有一定數量的保險，以便足以償還房屋抵押債務、喪葬費用及其他可能到期的帳單，同時還能留下一筆錢使家人能夠繼續維持已經習慣的生活水準。

隨著年齡的成長，年輕人的經驗及工作效率也逐漸增強，隨之而來的是收入增加，而增加的收入可以允許更大的開支來增添生活的舒適度與便利性。所以年輕人在所選擇的商業領域取得進步的同時，也必須考慮家人所必須面對的額外消費——在越來越廣泛的社會交往中所產生的額外債務，同時保證家人在缺少自己的收入時，也能有適當的保障以償還這些債務。

進行這樣的理財有個簡單的依據，就是先要搞清楚目前每個月的平均花費，然後再考慮一下目前各種投資每月的平均獲益率，以及持續獲益的可能性。從每月的家庭花費中扣除掉每個月的平均投資報酬，那麼應該持有的保險金額就是每個月定期給予家人的生活費的差額。除了任何像出於保證孩子的大學教育，或其他同性質目的而應該持有的保單外，這點也是應該考慮的。

開始購買第一份保單的年輕人應該採用一項特定的保險計畫，並把自己的第一張保單看作是自己完整而全面計劃的第一課，而這項計畫能夠像有保障的收入一樣快速地實現。這項計畫的最終目的是確保一旦生活當中出現任何破壞這項計畫的偶然事件時，還能得到充足的供給。

保險與其他有價值的東西一樣，只能根據特定的計畫進行購買，而這項計畫具有可見的明確目標時，才可能產生最大而且最有益的結果，

第 7 章
證券

採取適當投資來實現財務獨立

這個國家的普通屋主既是工人也是生產者，大量的銀行存款紀錄──即世界上任何一個國家數額最大的個人存款平均數可顯示出這一點。精明的屋主並不滿足於僅僅以存款方式從銀行獲得正常的利息回報，他們想讓錢帶來最大程度的收益，並透過投資來實現這個目的。

眾所周知，當有人因儲蓄、精明的進貨、良好的管理或其他任何方式，手裡有了盈餘，並且正在尋求將這些資金進行投資以獲得收益時，總會找到機會的。世界上到處是滿懷希望的人，這些人手裡擁有很多或好或壞的證券，準備將其出售給那些手頭有餘錢的人。有時這些銷售員不會特別詢問這些錢是否真的是盈餘，還是省下來用作救急的資金。

兩條人們已徹底接受並分析過的簡單真理將會使大家免遭損失，使大大小小的投資人進行有效的投資，並更有可能使人們擁有夢想的家。

第一條真理就是：隨著證券承諾的投資報酬率增加，證券的安全性也更低。銷售員推銷股票、契約、租約或其他證券時，所承諾的報酬率極大或非同尋常，最為安全的方式就是將他們的建議僅作為一種投機而非投資。理想的投資方式能同時保證本金及獲益的安全。任何缺少這種安全因素的投資都只會

是一種投機。

　　第二條要了解的真理：承受不了資金損失的人不能冒投機的風險。當一個人投機時他就在冒風險，一種既可能獲得異常回報，也可能損失全部資金的風險。

　　作為對這兩條真理的補充，另一條真理就是：比起那些壓力重重的銷售員所說充滿幻想色彩的股票證明書、自動售貨機許可證、油井單位或「未經分割的利益」所提供的各種發財建議，這種定期回報、小額利息、半年期限的方式，使更多的人在老年時獲得經濟上的獨立。

　　在執行建房計畫的頭幾年，房主由於還有許多債務，是絕對承受不起投機風險的。這些債務使得他們必然這樣節約自己的資源，以便於償還到期的債務、預防風險和意外事件，在收入降低或完全沒有收入時，還能夠為家人提供足夠的儲備金以維持生活。

　　而且出於同樣原因，所有房主必須要投資。他們必須學會如何使他們的收入不僅能夠滿足他們的需要，同時還要有盈餘，並且使得這個盈餘的資金能夠完成始終增值這個令人愉快的任務。50 歲時能夠財務獨立是絕大多數商人和專業人士的目標，而這個目標能以合適的投資來實現。

儲蓄與償債整合計畫

如果我們要培養一種能使我們財務獨立的能力，那我們就有必要學會如何經管和運用我們的資金，要做這些事情，我們首先必須要有些資金去經營和利用。

把錢存入銀行是獲得第一筆累積並確保錢真的會增值的最好方式，定期在銀行帳戶裡存錢應該是我們累積資產的基石。這個在合適基礎上開立的帳戶，除了使我們學會如何經管和利用我們的資金外，還可以完成很多事情。例如，我們可以讓帶有名義上獲利能力的低儲蓄帳戶來降低我們為了家庭而建房時所欠的債務。這表明我們可以用這種方式來賺錢。

為說明如何利用一項長期的儲蓄計畫還清房屋貸款，同時還能降低抵押成本，任職於赫爾曼銀行、精通抵押貸款等業務的伊莫·巴德萊本（Emo Bardeleben）說：「一個人可以與銀行合作，透過銀行或房地產經紀人的辦公室協商抵押貸款訂立一項協定，按照該協定，借款人或抵押人拿出一紙儲蓄計畫書，作為償債資金，償還全部的抵押貸款。這有利於促進並保證立即償還抵押貸款，並使之系統化；此外，抵押人也可以透過這種交易來獲利。

例如，按照 3 年 7% 的比例抵押貸款 3,000 美元，3 年的利息共計 630 美元，也就是本金加利息共 3,630 美元。抵押人拿

出了一份 3,000 美元的儲蓄計畫書，按週利率 18.09 美元存款，這筆錢再加上每月為償還抵押貸款的利息而支付的每週 4.04 美元儲蓄金，就構成了每週 22.13 美元的債務，而 3 年總額為 3,452 美元的支出。

除了保證能夠按時足額償還債務外，這就存下了 178 美元。大家很容易發現，儲蓄的資金大約為所抵押額的 2%。這樣所涉及的儲蓄就把抵押貸款的成本從慣例上的 7% 降到了 5%，這就使這項抵押貸款成本成為本土最低的。

而且，整體上採納這項計畫將減少抵押品回贖權程式的必要性，甚至看作是可忽略的因素。不僅對於抵押人，就是對於銀行和房地產經紀人來說，這當然是關係到利益的重要事情。這種方法不僅簡單，而且銀行和合作的房地產經紀人也很容易適應。」

根據巴德萊本先生所提出的方法，如果不需要銀行存款來解決抵押問題，不妨可以利用來進行有效的資金累積，以便於主人隨著投資選擇知識的成長，來獲得更大的收益 —— 更大的優勢就是可利用它來應對意外事件的發生。

投資新手與其冒險，不如觀望

　　房主可以進行的最佳及最有必要的投資之一就是銀行保險箱，與它們所能支付的保護價值或所提供的好處相比，保險箱每年的租金成本是非常低的。

　　首先，甚至在房主投資於股票、債券及其他證券之前，尋找到一個安全的地方來保存保單、契據文書、合約、抵押品、以及其他有價值的文件是很有必要的。壁爐裡活動磚後面的洞、隱藏在食品室裡上鎖的錫盒子，甚至現代化的辦公室保險櫃，都不能與銀行保險箱所提供保存有價文件的安全性和保障相媲美。

　　除了所有的證券都應該一直放在銀行保險箱外，除非由於特定目的需要把它們拿出來，主人應該留有兩份完整的證券清單，其中一份留作參考，以便於主人不必要特意去金庫就可以了解證券的詳情，或者由於要求支付契約而進行核對；第二份清單應該放在投資經紀人或理財顧問手裡，以便於充分利用聲譽好的投資公司為客戶所提供的服務。由於手裡擁有清單副本，任何一家知名的投資公司都會認真檢查這些證券，而且由於經濟條件改變而需要改變手中所持有的證券時，能夠向客戶提出良好的建議。

　　當我們充滿希望地把自己的多餘資金用作投資以使之帶來

更大的收益時，我們發現跟其他人相比，自己總是面臨一個問題，即：如何才能區別好與壞？

有很多測試方式可以對投資進行衡量，但是要能夠準確地使用「衡量投資的標準」，需要一段時間和訓練。這樣的訓練通常是從實務操作經驗中獲得的，而這對於投資新手來說需要付出高昂的代價；直到我們有了這種經驗，我們才能很好地遵循一條規則，一條極為簡單的規則，使我們免受損失。因此，我們得到一條投資的金科玉律：剛開始投資事業的時候，在沒有得到有名望而完全公正的第三人意見之前，絕不進行一分錢的投資。

美國人現在每年要遭受 10 億美元的投資損失，遵守這條規則將使得這個金額大大減少。不老實的證券營業員不太喜歡「投資前先調查」這句話。

這個世界上很多人都想「一夜暴富」，而且儘管每年有人因此而遭受巨額損失，仍舊有人重蹈覆轍，同時還有一套新的似是而非的論點，和一大批新的脾氣溫順的銷售人員，去吸引下一批的投資菜鳥 —— 如果投資人能從絕對誠實的人那裡獲得可靠的建議，而這些人又與證券公司沒有任何關聯的話，那就沒有風險可言了。

確保我們初期投資安全可靠的原則就是選擇一家絕對正派的投資公司，主動去認識他們，以便獲得最好的建議並遵循該

建議。

　　一家之主在剛剛開始投資時，安全是首要且是唯一考慮的因素，這種安全不僅包括所投資的本金的安全，也包括所獲得的明確的定期收益的安全。在投資人已經學會如何憑經驗選擇證券之前，收益或利息的多少反而是次要的。

債券的安全性優於股票

　　從本金及收益的安全角度來看，債券和任何證券對投資人來說幾乎一樣，是理想的投資。投資專家都認為，缺乏經驗的投資人應該先投資債券而不是股票。如果人們能夠注意到股票與債券的差別，他們就會完全明白這個建議，而這種差別就增加了安全因素。

　　當一個人購買了一家公司的股票，他就成為這家公司生意上的夥伴，他將錢投入這家公司，就是期待公司的獲利能夠增加他購買的股票價值，以及大量的紅利回報，在管理良好的公司裡，這種希望總是能夠實現。但所購買的股票既能帶來收益，也可能帶來損失，因為股東有責任償還他們所購股票的公司的債務。

　　另一方面，債券是一種由公司發行的、承諾支付的票據，

要在特定時間內償還票面金額，並支付借款時間內某種特定租金的交易；債券的主人是公司的債權人，以這種身分，他們比股東優先擁有公司的有形資產。通常來說，現行的債券背後都有有形的資產，而且證券的價值遠遠超過了發行的債券。

債券的種類繁多，因此投資新手不應該在沒有協助的情況下自行做出選擇，最好在得到絕對正直的投資經紀人推薦後，才能購買債券。

沃特·D·豪德（Wirt D. Hord）有長期的投資經驗，他還是《迷失的美元》（Lost Dollars）這本書的作者。僅僅從安全的角度考慮，按優先的順序，他做出絕不了如下分類：

1. 美國所有的債務：例如自由債券、國庫券、美國財政票據、負債證明、以及戰爭儲備券。

2. 聯邦土地儲備債券、聯合股票土地儲備債券。

3. 州、市、縣、學校或公路區債券、街道改善債券及灌溉債券。在這些類別當中，了解一下這些債券的獲利能力是比較明智的，但確定出售這些債券的投資公司的地位仍是最重要的。

4. 由具公正地位的投資公司推薦，在美國可以用美國黃金支付的外國政府債券。

5. 列在經過認證的交易所裡的第一批抵押鐵路和公用事業債券。

6. 列在股票交易所裡第一批經過認證、成立已久的績優製造

公司的抵押債券。

7. 第一批或第二批營運的鐵路、公用事業、成立已久的績優製造公司的抵押債券。

8. 不動產債券抵押的是留置權，且據保守估計，貸款不超過60%，同時經營狀況改善，顯示良好的營運狀況，且可以在 12 年內就償還完貸款。

9. 信用債券：這些債券的安全性完全依賴發行機構的地位，因為它們沒有有形資產做保障。

在安全方面，營運良好的公司所發行的特別股僅次於債券，金融家把它當作有利的投資，推薦給那些為尋求經濟獨立而要打下堅實基礎的人。而特別股正如其名，是指在同一家公司中比普通股具有優先權，它可以先於普通股索要公司的財產和收益，但應承擔由債券和短期債務所產生的債務。一般來說，在清算公司事務時，特別股東比普通股東有優先權獲得公司的財產。這些安全因素使投資人更傾向於選擇特別股票而非普通股，他們關注資金的安全，更甚於資金價值或營利成長的潛能。

很多投資人選擇特別股是因為它能提供一定數量的回報。例如，對於 7% 的特別股，只有將 7% 的股息支付給特別股後，才能向普通股東支付股息。當然，對於經營良好且營利水準較高的公司來說，對於特別股所設定的利率也許遠低於支付給普通股東的盈利資金。

對於「累積」的特別股，如果公司的盈利在 1 年之內不足以支付所規定的利息，所產生的差額就轉到下一年，到期支付，並且將現有資金在普通股東分配之前支付給特別股的股東。特別股的股東通常並不總是有權在股東大會上投票，在某些情況下，特別股的投票權大於普通股。

在股票所有權方面，無論是特別股還是普通股的股東都對企業擁有部分所有權。實際上，他都不是債權人，而是合夥人，並應該有意識地承擔企業的風險。出售股票的公司並沒有義務一定要支付股票購買人股息，宣布支付或終止支付股息完全由董事會成員內部決定，而這些董事是由股東選出來監督公司的管理。

然而，當公司董事會宣布支付股息時，在向普通股東支付股息之前，必須先足額支付特別股的股息。除了在獲得股息及在公司清算時獲得公司財產比普通股東具有優先權外，特別股確實是次級證券，除非是出於董事會的意願，否則不需對此支付任何費用。

如何判斷股票價值？

但是人們應該永遠記住，證券的形式沒有其背後的商業本

質重要。在對一家公司進行投資前必須確信公司的管理良好、紀錄良好，也完全可能有成功的未來，及這家公司是否是該行業的先鋒之一，它所涉及的業務是否是必要和相對長久的。

　　值得被投資的股票來自那些具有良好生產紀錄及持續帶來股息收入的企業，由具有有形資產的組織支撐，他們願意發布經過適當審計過且真實的金融公告，且能夠經得起調查，這就成為被認為是值得投資的股票與經過分析被證明是投機行為的一個根本差別。投機股票的銷售員極為詳細地預測未來的收益，但卻很巧妙地迴避了對過去紀錄的疑問，他沒有提供出售股票的公司的具體歷史資料，反而會大加渲染同行業其他組織所創造的巨大收益和財富。下面是幾個能快速揭露發售的股票是投資還是投機性的幾個問題：

1. 企業規模很大，非常重要，地位穩固嗎？
2. 企業的遠景會比過去好嗎？
3. 企業具有良好的信譽，不會進行惡性競爭，壟斷的程度不會招致敵意嗎？
4. 企業定期發布完整的金融公報嗎？
5. 企業具有巨大的獲利能力嗎？
6. 企業的普通股票能夠定期獲得豐厚的股息嗎？
7. 企業的股票容易銷售嗎？

　　信譽良好的股票經紀公司會很樂於並回答任何涉及到他們向大眾銷售的股票的問題，而且這樣的公司很可能對所問的問

題補充大量的基於事實而非期望或希望的其他資訊。

　　不管我們是否接受過金融相關知識的培訓，要不是因為有足夠的保障，或不是因為無可辯駁的事實使我們相信借款人信譽良好，而且在借款到期時很有可能償還，我們還是不要把錢借給陌生人。

　　當我們投資購買債券時，我們就將錢借給了這家公司，我們是貸方，而公司是借方。通常公司是想借錢的陌生人，而我們有權向他們詢問一些我們在借錢給陌生人時會提出的問題。

　　假設陌生人來找我們，不是為了借錢，而是請求我們從銀行取款，讓他用這些錢從事某種商業活動。在這樣的情況下，我們需要詳細了解陌生人的情況，以及他用我們的錢去從事哪種商業活動。提問題時我們要特別的仔細，而且要堅持獲得清晰而證據確鑿的答案，特別是如果我們已經知道自己要和這個陌生人以及其他的投資人一起對這項商業活動可能會產生的債務負有法律責任。

　　這就是我們從一家公司購買特別股或普通股時的真實處境，我們是把錢交給而不是借給別人從事商業活動。這筆錢是否安全，以及能否獲利，首先取決於從事該商業活動的人的技術、誠信和經驗；其次取決於公司的產品或服務的市場前景；再次取決於在生產、銷售、分發這些產品或服務時獲利的可能性；第四取決於生產這些產品或服務的原料的可獲得性。當購

買股票時，我們就與陌生人形成了商業夥伴關係，因此有權知道所有這些事情。

投資不應該「孤注一擲」

但無論我們是投資股票、債券，還是任何其他形式的證券，僅僅對公司進行初步的調查，確信其經營安全和良好是遠遠不夠的，精明的投資人與所投資的組織應保持密切的聯繫。

我們經常會聽說：「我不擔心自己的投資，在投資之前我已經做過徹底的調查，然後我只是將錢放進保險箱，之後就忘了它。我讓它們『隨波逐流』，當購買證券後我就終生擁有它。」

這是對債券的一種錯覺，它使投資人每年都毫無必要地損失成千上萬美元。在經濟快速成長的過程中，在一系列瞬息萬變的事件中，經濟環境正不斷地呈現出不同的局面，一項項發明接踵而來，新的發展使以前的發展湮沒無聞，我們正不斷地進步，一刻也沒有停止過，一切事情都在向前發展，否則就乾脆放棄。

國民的情緒、思維方式和行為模式搖擺不定，這改變了證券的價值。不正常的收益導致原本預期獲利的債券沒能盈利，

而且在很多情況下，特別股也如此；普通股受到機構變動以及所處行業兼併的影響，與公司發展缺少緊密聯繫的股東，很容易因這種疏忽而失去寶貴的權利。

正如前面所指出的那樣，出售債券的公司若不能出示金融認證聲明，它就不是一家適合初次投資人投資的好公司，所以應該盡量避免。有時債券的賣主會告訴投資人金融聲明在表明真實情況方面幾乎沒什麼價值，因為這些可根據估算人的意願而隨意顯示。

這只是一個拙劣的藉口。編制虛假的資產負債表可構成一種嚴重的犯罪，但假股票的銷售者通常不願承擔這種風險。會計師根據特定的法律與道德規定，檢查公司的真正財產與負債，並證明所作報告的真實性，來保護債權人及持有公司債券人的利益。這樣的金融聲明或資產負債表，正如人們知道的那樣，在特定的時候，比如在公司的財政年度末，對公司的經營做出一個簡潔但全面的描述。

但是按慣例起草並制定的金融聲明，對於普通讀者來說並沒有多少意義。人們很難分析這種金融聲明以及它所顯示的公司的真實情況，除非他主修複雜的語言和會計模式，儘管這種情況對於那些受過訓練的人來說是顯而易見的。

我認為正是窮理查（Poor Richard）[7] 第一個向人們做出了

7　譯注：班傑明·富蘭克林（1706-1790）在其所著《窮理查年鑑》（*Poor Rich-*

「不應該孤注一擲」的忠告。順便提一下，他最終發展成為這個國家知名的、具有最敏銳頭腦的金融界人士之一，也或許就是因為這個原因，投資時至少應該考慮一下他的意見。在投資時，不要孤注一擲的規則即選擇的多樣化，這受到了所有成功金融界人士的支持。

首先美國政府總是在借錢，由於總能購買得到政府債券，所以沒必要將資金閒置。大大小小的投資商在購買政府債券時，沒有人會猶豫片刻，他們會一直把資金投進去，直到可靠的資訊顯示有其他利息更高且安全的證券出現。

在了解投資項目這個問題上，作為選擇的第一個原則，我們要相信，大大小小投資項目的支柱都將是名列前茅的債券。可敬的美國政府所發行的債券在金融界享有最高的債券評級，比任何其他國家或公司所發行的債券都更有價值，有時甚至被看作是所有債券中的「老大」。這種投資實際收益可能不如其他形式的證券，但是由於擁有美國政府的信譽與公信力做安全保障，加上這個國家忠實的國民，幾乎沒有比這條件更好的後盾了。

當透過購買至少一兩種美國政府債券來奠定投資結構的基石時，出於安全和「未雨綢繆」考慮，投資人接著就可以開始規劃某些擴大投資。這種擴大投資應多樣化，以便最終能確保

---

ard's Almanack）中的人物名。

最高的公正回報，同時將利息和本金損失的可能性降到最低。

其他國家發行的債券也可以考慮，在含有優質債券的種類當中，投資人不妨考慮特定的特別股或投資債券，它們受到國家的監管和約束，例如那些已認證的而且保守經營的建築及貸款協會所銷售的股票。

在了解了債券及仔細挑選的特別股之後，投資人應該注意那些聲譽良好的企業所銷售的普通股票，這些公司在過去有良好的獲利紀錄，而且完全能夠保證未來的持續成功和繁榮。

當個人資產包含了債券投資時，明智的做法是不要只購買一家公司的債券，或同領域的債券，這種情況也同樣適用於特別股和普通股。這種多樣化投資的價值在於人們在各個領域的努力並不都是成功的，一些行業會獲得好的效益，而其他行業可能正處於虧損時期。購買多樣化債券確實是一種保險的投資形式。

投資的 6 個年齡段

在我們開始討論被證明對於不同職業和領域的商業和專業人士來說，是最恰當的具體投資項目時，我們首先考慮一下，在人們 6 個年齡階段，或者說 6 個投資階段要考慮的事，這同

樣適用於從事生產性工作的人們，而且在某種程度上，帶給我們啟迪，因為它向我們展示了人們在不同階段的工作方式。

第一階段：30歲前

儘管這一階段是在為將來做準備，並利用別人的經驗與智慧，但事實上這時期幾乎沒有時間和精力去使自己變得更聰明，這個年紀的人應該極為謹慎，但卻經常對別人的經驗不屑一顧。年輕人很自滿，總是不斷犯同樣的錯誤，直到自己的愚蠢行為最終被發現。在這個年齡段，應該選擇信用等級高的債券，可能的話同時再購買一些信用等級最好的特別股。

第二階段：30-35歲

這個階段的年輕人開始了解人生的真諦，意識到過去犯了很多錯誤，並且決定以後避免再犯。這是一個開始真正累積的階段，可選擇優質的債券、各個產業及具有良好發展前景的公司特別股與普通股，為累積資產奠定基石。

第三階段：35-40歲

這是一個走向成熟和充滿活力的階段，創作能力達到了頂峰，這個階段可能會由於投機而冒點小風險，但卻會帶來獲利。為了進行穩定的投資，投資人可能會購買一些收益較高、信用等級為中等的債券、特別股、半投資型的工業股票、鐵路

股票和公用事業股票。這個階段如果能夠保證賺錢的話，可以適當進行一些「投機投資」，這種方式介於投資與投機之間。

第四階段：40-45 歲

這是一個應該謹慎的階段，因為這個階段已經接近平均累積期的末期，顯而易見，個人賺錢的能力不太可能會越來越高。對於一些富人來說，可以進行一些投機性投資，但那些依靠收益來生活的人在這個階段應該謹慎，嚴格地限制自己只投資那些優質項目。

第五階段：45-50 歲

在這個階段損失的錢很難重新再獲得，因為對大多數人來說累積期已經過去了。此時投資方式只可選擇優質債券、特別股，以及優質的普通股票，除非所投資的錢損失了也不會在意。

第六階段：50-65 歲

在這個階段應該盡可能地謹慎，以保護自己一生辛苦累積的資產。由於大腦已經不具備早期那麼敏銳的辨別能力，所以在投資時應只限制在那些能保住本金而不是帶來很大收益的項目。在這個階段，安全的投資標的就是最優質的債券，但即便如此，投資人在沒有獲得可靠的建議之前也不應該購買。

工業股票

工業股票是由製造公司發行的證券，對投資新手來說，它不一定是一種良好的投資。一般說來，工業公司的股票可說是「商人的冒險」，但是在仔細研究了所有的因素、管理、營運能力、財產及市場的總體趨勢之後，普通投資人就會認為考慮投入部分資金購買這種股票是比較明智的。

雖然在過去幾年，還沒有任何一種等級的證券像工業股票這樣受到人們的注意，然而卻表明這樣一個事實，即工業股票的永久價值還沒有在很多投資人心中完全建立起來，因為很多人高價購買許多這樣公司的股票和債券，是為了獲得高額的回報。

大多數工業股票確實都屬於投機性的投資，因為公司處於國家經濟及金融計畫的相對初期，只有在它們度過了如鐵路一樣長期的經濟衰退期後，才能確定這類股票長久的投資價值。總體來說，工業股票比蘊含巨大風險的鐵路債券擁有更多的優勢，較新的工業股票在被列為是成熟的投資前，必須要經受類似於「鐵路股票」曾經受的考驗，那些經歷過商業風暴的工業股票才可被視作優秀的投資。

工業股票的真正價值取決於企業長久的成功經營，投資人應該認真關注其所生產的產品等級及特性 —— 產品對於整個

社會的價值，以及工廠持續營運的必要性。在投資工業股票時，公司控制自己獨特行業的能力，無論是透過控制原料還是其他的方式，也是一個應該考慮的主要因素。

從投資的角度考慮，在調查工業股票時，細心的投資人當然會要求公司出示近年的財務報告。在考慮這份報告時，應特別注意對製造廠本身的評估，還有對專利和良好信譽的肯定。

很多情況下，這些評估存在很大的折扣，原因是工廠和機械除了能生產公司的特定產品外，幾乎毫無價值。信譽和專利幾乎沒有什麼價值，除非公司的發展趨勢很好，如果破產的公司要被迫償債的話，信譽和專利是不會值多少錢的。

在購買工業股票之前，投資人應該了解公司的債權問題和浮動債務，以及優先於普通股獲得紅利的特別股數量。必須牢記，這些項目構成了對公司收益的留置權，而這被保證能先於普通股獲得紅利。

在考慮工業股票及其他各種形式的投資時，永遠不要忘記，所有學習金融專業的學生都認為，賺錢比管錢以及相應地控制自己的購物要容易得多。

公用事業股票

公用事業股票和債券也是另一種重要的投資形式。

在今日美國，人們把更多的錢投資於電燈、發電廠和煤氣產業，而不是對鋼鐵工業、包裝業或紡織業進行投資，但只有農業、鐵路和製造業集團才超過了電力和煤氣公司的聯合股本，近來它們一直迅速地從鐵路方面獲益。

也許關於投資公用事業非凡成長最重要的一點就是：近幾年來，公用事業股票和債券在顧客及公司雇員之間廣泛分布。據估計，今天僅電力公司就有多達 100 萬個股東，而其中大部分是小股東。這種大範圍的分布不僅使得公用事業財力雄厚，而且更重要的是，它使得大眾對這一產業抱有一種更智慧和讚賞的態度。我們對這個公用事業有一種公開的情感，包括從同情性的理解直到熱情的支持，這跟先前在廣泛擁有公司有價證券之前所持有的與公司有關的大眾觀點是兩回事。

事實上，由於這種由上百萬或更多股東和債券持有者擁有的廣泛所有權，公用事業儘管是私人擁有，但從真正意義上來說，卻是由大眾所有，而且在歷史上也許大眾的觀點也從沒有像現在這樣對它們這麼有利，它們目前的大部分實力都基於這個原因。

對於普通投資人來說，很難找到一種有處於便利地點、經

營良好的實業公司的債券，因為它們以令人滿意的方式結合了令人嚮往的投資所具有的所有要素。一般說來，聲波、光和熱方面的債券的收益比同等級的鐵路債券要高，而且在這方面可以與產業債券相媲美，儘管其本身比產業債券有更多優勢，特別是在收益的穩定性方面。

關於投資的 5 點建議

為了研究投資方式的基本原則，羅傑·白布森（Roger Babson, 1875-1967）[8] 在他的作品《事業基礎》（*Business Fundamentals*）中，簡略地指出了 5 個方面：

1. 購買時要廣泛地選擇，不要把所有雞蛋都放在同一個籃子裡，也不要僅僅為了多用一個籃子而使用有洞的籃子。選擇那些你了解的優質證券，而不要依賴於任何一種；把你的資金投到至少 20 家公司，而且是 8-10 個不同的行業。

2. 人心惶惶時購買股票，這就意味著別人不買時你正在購買；在經濟不景氣時，當你的朋友認為某個行業將走向衰退時，你可以購買。記住，當你別無所求地購買什麼東西時，卻往往物超所值；而當你隨波逐流時，往往會蒙受損失。所以在別人恐慌或經濟衰退時去購買股票，其他的時

---

8 譯注：創業家、教育家和慈善家，一生充滿了對傳統的捍衛和對創新的不懈追求。

間就是心滿意足地去研究基本的情況、統計數字和表格，以便為將來屬於自己的機會做好準備。

3. 直接買下要買的東西，不要差額購買，也不要去研究紀錄。你可能會不得不借錢去經營你的正規生意，但是不要借錢去購買證券，只有沒負債的人才能了解健康與快樂的真正含義。可能有些時候你必須借錢去買東西，但是除非你是一個證券商，否則永遠不要舉債去購買證券，因為那意味著徹底買下而且永遠不會賣空。

4. 當高點到來時，出售並清理手中所有的證券，把錢變成現金，並使之活用起來。很多人知道什麼時候去買，但不知什麼時候去賣，有時，在高點賣掉、而在低點購買股票需要很大的勇氣。了解基本情況的人知道該怎麼兼顧兩者，一直關注商業動向的人能夠知道買賣的最佳時間。

5. 當出於安全和收益考慮而進行長期投資時，債券是最可取的；不要冒險，不要賭，不要收取各種形式的小費。記住：在股票市場上賺錢的唯一方式就是提供服務，提供服務的唯一方式就是在充裕時多存錢，並在缺乏時使用，這就意味著，在高點時最好什麼也不買，但要一直把錢存到需要的時候再買。借鑑一下製冰人的做法：在冬天冰不受歡迎，這時，他們將冰切割、儲存，因為他們知道天熱時人們會迫切需要它。所以我說，當商業繁榮，投機盛行時，大家都在股票市場賺錢時，離開這個市場，心滿意足地積存你的錢，因為需要大筆錢的那一天會再次到來。

第 8 章
用投資來累積資產

穆迪投資建議

對那些要讓手頭的錢發揮最大效益的人來說，他們越來越意識到將錢進行投資是一項長期的政策。

在為累計的資金計畫投資政策或專案時，投資人想要做一個內容包含廣泛的計畫，應該是能夠延續數年而不是用於某一時刻。穆迪投資顧問公司（Moody's Investors Service）已經構想出這樣一個長期的投資政策，內容如下：

「這項計畫主要包括三部分，分別是：第一，按照金融和商業環境輪換投資持有股；第二，多樣化持有股份，無論是債券還是股票；第三，選擇時要科學運用信用等級和經濟指標。

作為輪換持有股份重要性的一個例子，在牛市頂峰時將優質的短期股票售出而轉去投資普通股，實際上等於是自殺，而在熊市低谷時進行這種交易，從某種層面上來說卻可能收穫頗豐。股份多樣化是避免因個人錯誤而導致損失的可靠方式，同時還能獲得證券市場波動所帶來的好處；反過來，債券和股票的信用等級也可以很容易地運用到多樣化選擇的過程中。」

為了遵照穆迪投資顧問公司所概述的計畫，投資人必須熟悉證券市場的循環，以及持有的不同類型證券的評估進展。這種循環，或者說一般商業和證券所經歷的四個不同階段，可以用下面的方式來表述：在商業擴張時，證券市場處於上升階段；

市場繁榮或膨脹時達到頂點；在被迫清償債務時走下坡路；在經濟深度衰退期時達到低谷。普通商業和證券市場永遠經歷著這四個階段，或循環、或不規律地發展，這幾個階段並不是界限分明，而且很難區分一個階段在哪裡結束，下一個階段在哪裡開始，但是希望獲得最佳收益的投資人，都應盡可能使自己及自己的股份適應這四個市場。

普通投資人沒有時間，也不打算去全面研究時代的發展趨勢、經濟循環的準確位置、或證券市場的四個階段，以便在最有利於自己的時候去投資股票和債券，給自己帶來最大的收益。普通投資人如果不能獲得可靠的投資顧問服務，仍應考慮投資資金的安全問題。

美國鋼鐵大王的投資建議

作為安全因素的指南，即在所有均衡的投資項目中有必要採用多樣化的方式，我們很有意思地注意到安德魯·卡內基（Andrew Carnegie, 1835-1919）[9] 在他的遺言中寫給遺產受託人的指示：

我授權（委託）將錢投資於由紐約州法律批准由儲蓄銀行所發行

---

9 譯注：美國鋼鐵大王，創立「紐約卡內基基金會」，因而奠定了美國現代慈善事業的基礎。

的作為適當投資的證券，或者投資對普通股來說擁有美國鐵路第一抵押權的債券，在投資後的頭兩年就可以獲得紅利；或投資美國任何具有較高信譽度的幹線鐵路債券，這些債券在投資的前五年馬上就能為所有的股票定期支付紅利；或投資於任何這樣的公司特別股或任何美國工業公司的債券或特別股，而這些債券或特別股在進行投資的至少頭五年能夠對所有的股票支付紅利；或投資在美國擁有第一抵押權的完善地產，在一些有能力的評估者看來，其價值已經超過了抵押財產的 50%；或投資購買已發行的債券和由滿足上述條件的具體的債券和抵押物作擔保抵押公司或信託公司的證券。

鑑於精明的蘇格蘭人過去是白手起家，剛開始進入商界的週薪僅為 1.2 美元，卻能累積巨大的財富，看來他對信託公司的指示好像他一生財富經驗的總和，當投資人被纏著把錢放到可獲得 100% 或更高淨回報的投資標的時，應該認真思考一下這些指示。

除了由鋼鐵大王制定的規則外，投資人會發現進一步驗證所欲購買的證券會很明智。對於債券，他們可提出如下問題，並根據獲得的答案來決定是否購買：

1. 在過去的 5 年裡支付了多少次利息？

2. 公司有多少年沒拖欠利息？

3. 該債券發行後是否還有其他優勢債券或特別股和普通股？

然而，有許多新發行的債券也證明是極佳的選擇，投資人可將之納入計畫。市場上有些股票，無論是特別股還是普通

股，對前述問題都不能提出令人滿意的答覆，也不屬於卡內基遺囑裡所列出的範疇。然而很多新發行的股票卻適合於長久投資計畫，實際上，它們可能會更有價值，或比一些經過驗證的股票具有更大的升值潛力。

五大投資標的

為了分散風險，投資最好不少於 5 個標的，每個標的資金數量應取決於資金的整體規模。這 5 個優先標的包括：債券、特別股、普通股、半投資普通股、銀行儲蓄存款。

一般說來，債券是基礎，或是投資計畫的主體，因為理應如此，所以應將投資資金的最大部分用來購買債券，而且這部分資金的絕大部分應用來購買安全係數最大的債券，儘管這種債券獲利能力或利息很低。其餘則可選擇一些發行時間較短，同樣安全，利息率卻很高的債券。

特別股應該是那些成熟的工業、鐵路、商業及公用事業的股票，這部分的投資比例應該少於或幾乎等於購買債券的數量。

債券和精挑細選的特別股一起，使得投資人能夠將自己半數以上的資金不受市場波動影響，且這些證券能夠在必須或想

要借錢的緊急情況下提供擔保價值。

根據投資資金的數額，普通股允許投資的數量可以從總量的 25% 向上浮動；此外，儲蓄銀行準備金不可少於總額的 10%，當全部資金數額較大時，可降到 2.5%。

一個人用於投資而累積的錢越少，就越應該堅守安全底線，因為獲利在很大程度上取決於投資最後的結果是成功還是失敗。為了獲得較大的收益，只投資幾千美元的人是不能與那些投資數倍於自己的人冒同樣的風險。

我們必須意識到，下面的投資專案計畫所提到的建議，反覆考慮了建構家園或養老保險方面所需的資金。如果保險還沒有包括在投資裡，那就應該從總金額中取出足夠的錢運用到這方面，特別是當投資人還有其他人要依靠這些錢來生活的時候。當這一切完成以後，投資人可以用其他的投資收益來支付保險費，剩餘的錢可以再用作適當投資。

投資的部位配置

處理 5,000 美元和 10,000 美元的區別，就是後者可以投資幾個不太保守的證券和一兩支普通股。然而在做出選擇和承諾時，投資人應繼續保持謹慎的心理。

對於 10,000 美元的投資金額來說，大致平衡的分配方式應該是：債券的安全性要高於獲利性，金額為 3,800 美元或總金額的 40%；投資於成熟工業、鐵路和公用事業的特別股為 2,850 美元，或總金額的 30%；可以把 2,850 美元，或總投資額的 30%，分成兩份，用來投資普通股票和購買半投資性質的普通股票。

值得一提的是，上述引用的關於投資金額分配是在扣除儲蓄銀行準備金以後的百分比；而在這種情況下，儲蓄銀行準備金應為總資金的 5%。

在為投資人提出 10,000 美元的投資計畫中，包括四組價值為 3,830 美元的 1,000 美元債券，平均獲利為 5.62%。第一組包括一家可靠的公用事業單位、一家知名的工業公司和兩家不同的鐵路公司，它們都經過了嚴格的安全和大量的保障考驗，這些債券儘管獲利較低，卻很受人們歡迎。這些債券的年淨獲利大約為 215 美元。

在為 10,000 美元投資人所提出的計畫所涉及到的 35 支特別股中，我們發現有 10 支為鐵路股、10 支為工業股、15 支為實業公司股票，這三種股票的平均獲利率為 6.38%，使得 2,820 美元的投資年獲利為 180 美元。

對於上述所列的普通股票，建議將一個著名公用事業股票中的 12 支作為投資普通股票計畫中的主體，與之相對應，

另有 10 支未來有較大獲利空間和升值可能的鐵路股票；普通股票的平均獲利為 6.49%，即 2,764 美元的投資年獲利為 178 美元。

在所提到的計畫中，整個小組的證券平均收益率大約為 6%，再加上儲蓄銀行準備金 23.44 美元，10,000 美元的年獲利為 596.44 美元。

對於 25,000 美元的投資基金，建議投資方式如下：債券應為 8,400 美元，或為總金額扣除掉 1,000 美元儲蓄銀行準備金的 35%；特別股應為 6,000 美元，或總投資額的 25%；對於普通股票來說，無論是投資性質的股票還是半投資性質的股票，金額為 9,600 美元，或為總投資金額的 40%。

要注意的是，在這 25,000 美元的資金中，儘管普通股的收益既大於債券又大於特別股的收益，然而債券和特別股的總量卻超過了用於一般性投資和特別投資的普通股票，這是要為投資計畫奠定結實的基礎，因而能確保投資人避免重大損失。

這種安全係數因為股票本身的多樣性而進一步提升。例如，值得一提的是，很少同時持有同一類型的兩種股票，如果鐵路股票不獲利，工業股票就可能會過一個好年；或者如果工業股票被淘汰的話，精挑細選的公用事業股票也會平衡這個損失。

不同階層的投資策略

工人

對工人來說，只有一種可能的投資計畫，就是把積蓄投到在需要時能隨時取出的地方，在具有較高安全性的同時，還能帶來收益。

工人進行的第一筆投資必須是正確的人壽保險，以便於在他們離職或不能賺錢時，家人能夠獲得保障。這很有必要，因為工人們也不能確定自己的賺錢能力能維持多長時間而不削弱，而且對他們來講，讓家人去履行自己應承擔的義務也是不公平的。

除了人壽保險，工人接著可以將自己的錢安全地存入儲蓄銀行。還有一個更好的方式就是將錢投資到建築和貸款股上，這種方式要求每個月都要有特定的儲蓄，不僅能促進節約，而且有助於為日後的建屋借款建立信譽，同時，他的儲蓄也能獲得很好的回報。

很多較大的公司為了促進員工節約和提升幸福感而做出安排，使他們能夠以寬鬆的支付方式來購買公司的股票，有時甚至以低於市場的價格來購買。工人可以購買一定量這樣的股票，但是不應該將所有的積蓄都做此投資，最好的理由就是他

可能會失業，同時如果他投資的公司所從事的特殊行業處於衰退期的話，他的投資不會產生任何紅利。

除了工作的公司所提供的有限利益外，任何一名普通工人都不應隨意購買股票；相反，他最好將自己的一部分儲蓄投資到具有良好收益的債券，或幾支特別股。

如果工人能夠避開各種投機性質的證券，只購買前面幾段所提到的幾種證券，那麼邏輯上，他可以預期投資 3,000 美元一年的收益大約為 175 美元。這可能根本比不上一些股票營業員華麗的承諾，但它是極為安全可靠的，同時工人們也不應該忽視複利所產生的奇蹟，這將遠遠大於營業員最華麗的承諾。

工人的儲蓄 —— 他的節約資金，就是他置於家人和自己欲望之間的障礙，這使得他不至於失去這個家，也會確保孩子生病時能夠得到醫療救助。這是一筆應該仔細呵護，多加保護的資金，如果把它用來進行投機，他很可能就會發現這種障礙消失了，這時他幾乎不能承受失去這樣的保護，那麼他和他的家人都會深受其害。

商人

商人在做生意時就是一種投機，透過對供需規律的掌握，他們盡力去儲存一些暢銷貨，而且經營時有利可圖。在他的投資計畫中，不會再有進一步的投機行為。

小商人投資計畫的目的就是要建立獨立的金融安全體系，以便在家庭陷入困境或發生緊急情況時，為了他的生意能夠提取這筆資金。只有經過慎重選擇的最優質證券，才會有這種獨立性。

　　除了本金的安全性外，商人可能會放心地將自己的盈餘資金進行一些投資，他們有利的特點就是具有暢銷性和很高的擔保價格。任何一個生意的生命週期都有很多階段，在這些階段裡，快速籌集額外資金既是可取的，也是非常必要的。由於證券的暢銷性，這一切變得可能，或者手中持有的股份在銀行有很大的「貸款價值」，他可以用手中的股份去貸款，來解決迫切需要解決的問題；優質的債券以及紐約股票交易所列出的經慎重選擇的股票，通常都具有這些特點。

　　雖然小商人在自己的行業中取得了成功，獲得了盈餘資金來進行投資，卻並不表示他們的商業意識有所提高，使他能夠識破公司促銷過程中供應商的把戲，或者對付那些職業商人或操盤人，因為對這些人來說，股票市場上的投機行為是很正常的。他們應該認識到在自己經歷的商業經驗之外，他們有一些選擇局限，所以應將資金主要投向安全性較高的債券和最優質的特別股。

勞工階層

　　儘管由於害怕災難事件對生意的影響，小商人絲毫不會偏

離安全的軌道，但是對於商業領域的職員和其他勞工階層來說，不會有銀根緊縮的問題。

所謂的白領工人通常能比普通工人和小商人更好地獲得金融判斷力和投資資訊，同時與普通工人所接受的教育相比，他所接受的教育使他能更容易理解金融動向，而且通常不會受到失業期的影響。

對於勞工階層來說，他們想要打下穩固的經濟基礎，並為擺脫勞工階層獲得經濟獨立做好準備，最好的基礎就是各種獲利較高的投資，包括：優質債券、慎重選擇的特別股，及少量成熟公司例如鐵路、公用事業、或工業公司的普通股票。

勞工階層不需要像小商人那樣過多地關注暢銷性和擔保價值，因為他不太可能需要用他的儲備資金來應急，因此，他可以購買隨著企業發展，價值也可能隨之上升的長期債券和股票來獲得高收益。

在投資計畫中，勞工階層優先要做的事情就是在面對眾多機會時能區分好壞。

專業人士

教師和牧師等行業不僅高度專業化，而且，與其他職業相比，通常也沒有太多資金進行投資。因此，教師和牧師們的節儉就應該發揮到了極致。

對於牧師和教師而言，人壽保險與年金應該構成投資計畫的主體。當他們上了年紀，必須讓位於更年富力強的具有更為先進的教學理念的教師時，這種保護就很有必要。在確保退休後一切所需都能履行後，牧師和教師就可以關注其他形式的投資，這些行業的人由於沒有專業的金融或貿易經驗，應該只購買最優質的證券。

　　實際上，在各行各業的投資人當中，教師和牧師們擁有能有效安全地運用資金的最完備知識，因為從事這些行業的人們天生具有的領導才能，而這應該是投資的基本原則，這不僅僅是為了保護從事這個行業的人們，也是為了保護那些在許多事情上都向老師和牧師尋求指導的人。從事這兩種職業的人所承擔的金融責任有一定的重要性，但是當前幾乎沒有人意識到這一點。

　　特別是牧師，有很多特殊機會可獲得可靠的建議，因為他們能夠接觸到一些重要的市民，而且與他社團裡主要的銀行家和商人保持友好關係。老師也有很多相似的機會，即使不是直接與那些擁有較高聲望的商人和金融界人士保持聯繫，卻可以透過他們的孩子獲得一些可靠的資訊，因為這些孩子是自己的學生。

　　專業人士需要為他的資金進行投資，而且更大程度上，需要比商人進行更可靠的投資形式。與商人和製造商不同，他不

可能將自己的資金投在商業領域，以期待所投資的商業能壯大繁榮，為自己的家人創造財富。在做生意時，他只能謹慎地利用一定量的資金來購買新的設備、器具和辦公用品，所以，他必須用他的盈餘資金來進行投資。

專業人士投資計畫的第一個堅實依據，就是找一家可靠、公正的投資公司。他需要這樣公司的服務，和其他行業的人一樣，需要為他們的物質福利和身心舒適提供專業的服務。

事實上，整個投資基礎都是建立於這塊基石上。在選擇能和他們交易的投資公司時，如果專業人士能像商人般慎重地選擇醫生或外科醫生一樣，那麼他根本就不用擔心自己的投資行為會出錯。

專業人士必須進行投資，但是在現實的情況下，他們不能夠進行投機行為，特別是利用利潤進行股票投資。對於一個醫師來說，把病人放在一邊，來答覆電話另一邊的人所提出的希望獲得更多利潤的要求，這對於他的信心和職業尊嚴來說都是不利的。據可靠的說法，專業人士持續周密地查看股票行情紀錄會使得他分神，不能繼續正常工作。

專業人士應該將他的盈餘資金投資包括人壽、醫療、意外保險，以及優質的債券和慎重選擇的特別股等證券，以用於養老和為家屬提供舒適安逸的生活。

女性

幾年前存在著這樣一個迷信的說法，就是向女投資人出售任何安全性低於美國政府債券的事物都是有罪的；甚至在今天，金融改革者在很大程度上仍是以降低寡婦的損失為呼籲。海蒂·格林是一個寡婦，到目前還沒有紀錄顯示她在股票交易中受過損失。

在整個國家，有數以千計的女性已經證明了她們在金融領域被看作是敏銳的、思路清晰的人，損失金錢的女投資人只能自怨自艾，因為從最優秀商人那裡獲得免費的正確建議對她們來說是輕而易舉的事。

對於女性，正如對於其他投資人一樣，首先應該將資金投向優質的證券，為以後的需要打下保障的基礎。儲蓄銀行、建築和貸款股票、以及最優質的債券，都應該是女士的投資首選，無論她們是商界人士還是家庭主婦。當她們已經打下了堅實的經濟基礎，足以使她們在艱難困苦之時也能過上舒適的生活，她就會將精力轉移到能給自己帶來更大收益的證券和股票上來。

大多數由於投資不善而遭受損失的女性，最常做的事就是急於自責，她們不會花足夠的時間來認真考慮和徹底調查她們所買的金融商品。很多老年婦女把儲蓄的損失歸咎於購買了不良的證券，「他是一名非常優秀的年輕人，他說這支股票是特

別為我準備的，我必須馬上接受，否則他會把這麼好的建議推薦給別人。」

當然在證券銷售市場有很多優秀而完全可靠的年輕人，但如果這些年輕人的建議能經得起徹底調查的話，他們就不會如此匆忙地進行銷售。那些半信半疑的人應該將這些「正派的年輕人」從各種商業交易當淘汰掉，只從那些既不這麼「優秀」、也不是急於銷售的年輕人手裡去購買證券。

對女性投資人來說，除非她在選擇和判斷證券方面擁有充足的經驗，否則有一條她永遠不應該忘記的安全規則：在進行投資之前，至少應先向兩位具有較高信譽的商人徵求意見，且這些人與銷售證券的公司沒有任何利益關係。

不幸的是，大部分丈夫並沒有時間去指導妻子如何投資，或教會她們如何區別「可靠的顧問」和那些「只是利用女性在金錢上無知來賺錢的人」。

再說到寡婦，有很多顧問樂意幫她們「投資」。當哀痛的時刻已經過去，繼承了遺產，任何人都會有一些計畫去處理到手的錢財。不久前，一位要投資 20,000 美元的女士在報紙上刊登一則徵詢投資意見的廣告，對於這樣一則廣告，她收到了 263 份答覆，根據一位受過訓練的金融界人士分析，其中只有 16 份是來自於信譽度較高的投資公司，其餘的只有 4 份聽起來比較合理。

所有女士投機的本能都是很強烈的，也就是說，普通女士的投機本能要強於普通男性。由於這種投機的本能，她更容易聽從那些較小投資而獲得巨大收益的故事，並且容易屈服於那些推銷者的甜言勸誘。

　　在一項案例中，我被一位特殊的寡婦所吸引，找到了一個罕見的例外。她沒有傾聽承諾大額回報的誘惑，也沒有答覆任何一個廣告所收到的回覆。也許她對如此多樣的可能性感到迷惑，也許她察覺到了信件中所隱含的那種不真誠，也許是因為她了解到有許多賺錢的方法，但也有許多損失錢財的方式。總之，她沒有將自己繼承的財產浪費在無用的投資上，出於某種難以解釋的原因，她帶著自己的投資問題來到一家信譽度較高的投資公司，並且從那時起過著快樂的生活。

　　經常往來的銀行就能夠提供婦女實質援助，來選擇正直可靠的投資商，且大多數銀行會幫助客戶來評判經紀人的名望，比較大型的金融機構甚至有很多關於經紀人經商道德和方式的卡片索引，以及對他們優缺點的紀錄。

　　金融資源相對有限的寡婦，被迫依靠以數額相對較小的資金回報來維持生活，雖然身邊總有很多高獲利的誘惑纏繞著她們。一般說來，她應該永遠記住，隨著獲利升高，安全性會降低。

　　多年的悲劇經驗顯示，對於沒有在商業方面受過教育的寡

婦和孤兒來說，選擇優質的證券是個不會錯的原則。在現實的經濟條件下，那些投機推銷商的抱負、希望和空話的股票，並不適合她們投資。

美國政府公債，例如自由債券，是她們進行投資的理想債券，應將一部分資金投資到這樣的債券。然而由於獲利相對較低，寡婦們希望選擇一些管理能力強的鐵路、工業和公用事業的股票。在打下了這樣的基礎之後，她們就可以透過投資業績良好的，並且經過慎重選擇的績優股來大幅提高獲利。永遠要記住：對於寡婦和孤兒來說，投資的第一要件就是要保證本金的安全。

投資證券的四大考慮

根據羅傑·白布森的觀點，在投資證券時要考慮四個因素，它們是：第一，安全；第二，暢銷性；第三，收益；第四，道德因素。這些因素和它們按照重要性進行的排序，特別適用於那些沒有受過商業和金融教育的寡婦和孤兒投資人。

作為適合所有投資人的投資建議，我們運用鐵路上所使用的警告語「停！看！聽！」來做說明：

停：不要因為股票或債券銷售人員說價格馬上要上漲，或

只剩下不多餘額，而任由自己草率去投資。

　　看：仔細調查提供給你的、為你的儲蓄和收益進行的投資。你曾拚命地賺錢，在將它交給別人進行投資前要仔細地調查，特別是當你不了解所投資的公司和銷售人員時。

　　聽：聽從投資經紀人或銀行家所告訴你關於投資的資訊，他們處在金融產業資訊的交叉口，儘管可能會犯錯誤，但是和那些不同於這些經歷的人相比，由於他所受到的訓練和所擁有的資訊管道，他更有可能是正確的。

第 9 章
養老

為晚年及早做準備

晚年不是一件令人羞恥的事，相反，卻應該是令我們所有人都殷切期待的狀態，因為這是我們能收穫人生最大成就的時期 —— 如果老年階段能表現出我們早年所擁有的精力、能力、以及敏銳的判斷力。

老年有一項優勢，就是我們可以提前做好準備。為老年做好準備的重要性，與我們必須為家裡第一個孩子到來支付我們所知道的額外費用是一樣重要的。我們不能為舒服地進入這個塵世做好準備，但我們能為體面地離開這個塵世做好準備。

當然從另一個角度來說，衰老過程所花費的，要超過出生時所花費的。也許這就是我們有機會做好準備的原因，而且擁有比我們父母為我們的到來做準備的時間要長得多。不能僅僅因為我們的父母支付了我們出生時隨之而來的費用，我們就期望在人生旅程的另一端得到很好的照顧，讓孩子支付我們去世時的費用，這是沒有理由的。

普通父母花費大量的時間，做出巨大的努力、付出很多的精力、花費很多的心思來考慮孩子的健康幸福，這是理所當然的。只有人類的父母才會希望後代能夠實現自己沒有實現的理想和抱負。孩子們值得人們的關注，因為這是進化的結果，但是在關懷孩子的同時，父母們也不應該逃避責任，要為自己將

來失去勞動能力時未雨綢繆。

人體這台機器總會損耗的。隨著時間的流逝，我們會發現逐漸地失去了過去的體力和耐力，幾乎沒有老人願意承認這一點，但是事實上，大腦的反應速度也變得越來越慢。對於我們和我們的老年同胞來說，我們的責任就是在精力充沛時要確保當我們不能維持最大勞動能力時，不會成為別人的負擔。

聽曾經風光的老人講過去的故事真是件悲慘的事，聽身無分文的老婦人說著悄悄話，講述她過去身為幸福家庭的女主人的日子，真是讓人心痛。但真正的遺憾並不在於故事本身，也不是講故事的人，而在於這個事實：在大多數案例中，這種情況是不必要出現的。

在這片充滿機遇的土地上，我們大多數人能夠創造出超出我們真正所需的東西，但我們卻幾乎沒有為不知不覺就到來的老年生活做什麼準備。在我們年富力強時所獲得的這麼一點積蓄，這麼一點儲備，如果恰當地管理並安全地投資的話，故事裡所出現的悲痛情況就沒必要發生了。

我們每個人，無論男士還是女士，必須要考慮未來的需求。一些父母對孩子如此慷慨，以至於為了他們的未來不惜犧牲自己的一切，並且天真地以為孩子們會感激他們所做出的犧牲，並在未來的日子裡也會深情地關愛著他們。有時孩子們確實感激並記住了這一點，但通常不是這樣。

晚年生活可能是平靜的、可能是平和的，可能是充滿陽光、也可能是獨立的，但無論是否如此，主要都取決於 30-50 歲這段時間裡，我們做了怎樣的準備。

統計數字有時對我們真是一種侮辱。根據統計，只有 5% 的人在去世時會留有財富，這是一種侮辱；另外一種侮辱就是，65 歲以上的人，有 85% 的人要依靠朋友、親戚、或救濟來生活。

然而，看起來成功經營家庭的計畫中，最符合邏輯的部分就是要考慮到父母們在晚年有一份固定的收入；讓父母不致成為那 85% 中的一員，這是父母和孩子都有義務要考慮的事情。

父母有責任為將來不能賺錢的那一天未雨綢繆，以便自己和妻子不至於成為別人的負擔。孩子有義務確保父母老年時的收入，不為別的，就為父母花費了畢生最大的精力為了自己的幸福和成功鋪路。

年長者理應擁有自己的家

這是一個怎麼說都有說服力的觀點，即父母在晚年時理應擁有自己的家，理應擁有一個幸福的家，一個不是寄人籬下的幸福的家；無論兒子和女兒多麼仁慈和大方，在他們的家裡，

老人都享受不到在自己的小房子裡所擁有的幸福。老年父母需要獲得最大的幸福，需要一個能夠隨心所欲地方，周圍總有能讓他獲得最大快樂的事物。在這裡，所有的時間、習慣和模式都是自己制定的；在這裡，他們可以接受老年朋友拜訪，而不會受到年輕人新事物的打擾。

在組建家庭和修建房屋的時候，屋主應該記住這一點，且不要因以後的計畫而被遮掩和避開，這些計畫包括：選擇第一棟房屋、把孩子帶到這個世界、教育孩子、為他們規劃美好的未來。孩子們總認為這些事都是理所當然的，來到塵世、經過自己的奮鬥取得成功，卻沒有完全記住父母為他們所付出的努力。

每個月需要多少錢才能維持一個家庭，並讓父母過得心情舒暢呢？一般說來，人們在晚年時不需要獲得早年時所需要的那麼多東西，就可以獲得同樣的歡樂。他們的花費不多，他們更容易滿足於比較簡樸的東西；他們的要求不多，也不昂貴；他們最需要的就是一個令人愉快的家和平靜的生活。但是平靜的生活只能來自保障，這就意味著無論我們為父母的晚年收入採取哪種投資方式，最主要的考慮應該是：「始終如一的安全。」

如何為老年生活而投資？

如果我們不想依靠別人的慷慨和救濟的話，讓父母擁有晚年收入的真正祕密就是在我們不知不覺變老之前先做好適當的準備。正如我們在白布森先生所做的調查裡發現的那樣，普通美國家庭的真正悲劇在 65 歲後就已經來臨，這場悲劇的發生是因為人們在生產力處於頂峰時的幾年裡沒有做好恰當的準備。

如果我們能確保 65 歲時擁有 75,000 美元的財富資本，就不必為錢發愁。因為我們可以放心地認為，只要我們活著，至少每年可以收入大約 4,000 美元，而這個數字意味著一種獨立。

在《富比士雜誌》（Forbes）上刊登了一篇由 R·P·克羅福德（R.P. Crawford）[10] 所寫的短文，他說在 62 歲，而不是 65 歲的時候，以簡單的方式擁有 75,000 美元是一件很容易的事。以下就是這篇文章：

「你想要確保在 62 歲時擁有 75,000 美元的財富嗎？而且進一步假設，假如你去世於 26 歲以後的任何年紀，將能留下不少於 1,750 美元的財產嗎？答案就在這：

☐ 你能從 20-26 歲每週存 5 美元（整整 6 年），或者，如果你已經快 26 歲了，你已經存 1,750 美元了嗎？

---

10 譯注：內布拉斯加大學教授，1931 年開辦創造力培訓班。

☐ 你能從 26-37 歲每週存 10 美元嗎？

☐ 你能從 36-50 歲每週存 15 美元嗎？

☐ 50 歲以後你就不需再存任何錢了？

如果你只想擁有 25,000 美元，你可以把金額的三分之一存起來。如果你想擁有 50,000 美元的話，你可以存三分之二。當然，其他年齡段的人也可以實行這個計畫，只不過開始得越晚，完成的也就越遲。

成功實行這項計畫不需要憑藉任何高度的投機活動，它只依靠你的能力和意願。首先，從 20 歲開始，每週存 5 美元，或者在 21 歲時已經準備好了 260 美元（當年）。盡可能快地將這筆錢以 6% 的利息進行投資，優先選擇安全的債券，每次都盡可能快地將利息進行再投資。

26 歲時你就至少擁有 1,750 美元了，如果有零星數量的錢找不到利息 6% 的投資，那對最終的結果不會產生太大的影響。在前六年，我們已經對那一點做了大量的考慮，這些少量的資金一直在儲蓄銀行裡累積，直到足以將其投資在獲利為 6% 的安全債券；其後，當你開始累積數量更大的資金、獲得更多的利息時，這種困難就會消失。」

但克羅福德先生提出的計畫有另一個較小的意義：要是前六年的儲蓄計畫能夠完成，就能保證 62 歲以後獨立的晚年生活。正如他所指出的那樣，如果從 20-26 歲每週都能存 5 美

元，並將這些儲蓄以 6% 的利息進行投資，累積就會達到 1,750
美元。

那麼，現在假設一個人不想再有進一步的舉動，儲蓄到此
為止，或者讓這筆錢一直投資，不再增加，只是把它作為晚年
獨立的保障。26-62 歲是 36 年，將 1 美元按利息為 6% 的年複
利進行投資，36 年後其價值為 8,147 美元，因此，我們在 20-26
歲之間所儲蓄的區區 1,750 美元，竟會成長到 14,057.25 美元；
如果我們按照 6% 的利息將這筆錢進行投資，然後取出每年的
收益來支付當前的開銷，我們每年就會獲得超過 943 美元的收
入，或者每月超過 78 美元的收入。

正如許多上了年紀的人所說的那樣，保證每月有 78 美元
的收入，以及 14,000 美元投資基金做後盾，來應付極端緊急的
情況，這就意味著經濟獨立，就能使晚年生活如晚霞般燦爛，
而不是成為大家所了解的那種黑暗、極其痛苦的世界。

第 10 章
遺囑、信託和遺產

立遺囑的必要性

　　財產必有主，這是一條法令。活著時財產屬於我們，一旦我們去世，它就馬上易主了。我們去世後誰會是它的主人呢？法律准許我們在去世前親自決定，如果我們不這麼做，留下做出相應決定的書面證據，法律就會介入並為我們做出決定。我們只能透過一種方式來做出這個決定——以書面方式留下遺囑。沒有留下遺囑的人被稱為「未留下遺囑而死」，根據財產所在州的法律條款，他的財產分割和分配方式可能與他本意截然不同。

　　任何擁有財產的人都既有特權又有義務去設立遺囑，不管這些財產是不動產還是動產，無論是土地、樓房、錢、物質財產、股票、債券、還是任何證券。任何人，無論是年老的還是年少的，也無論他的財產有多少，都能立即指明在他死後將他的不動產和個人財產在他所希望的人之間分配，或捐贈出去、或進行慈善活動；除非是他自己的願望，要嚴格按照法律規定的比例來分割財產。人們很少願意嚴格按照法律的規定來分割財產的，如果有未成年子女，或如果沒有直系後代，法律的規定很少與財產所有人的自然願望相吻合。

　　很多人會把立遺囑的事不斷延遲，以便於所有的財產能夠合適地裁定，或者一直等著，看看女兒將來會生個男孩還是女

孩，或者兒子和他的新婚妻子能否相處融洽，或者其他一些與設立遺囑無關的個人原因。這樣的耽擱是沒有必要的，因為當一個人想要做出更改或取消遺囑是隨時都可以這樣做的。

要記住，最重要的事情就是不要將訂立遺囑延遲到明天。在計劃立遺囑時，必須要預料到很多事情，每一個想得到的意外事件都應該考慮進去，孩子的出生、結婚、及死亡，都可能會干擾並改變最終渴望的分配結果。財產的性質和價值可能會發生改變，家人在物質方面的要求也可能發生改變，而且指定的財產分割人可能比立遺囑的人早死。因此，在訂立遺囑時最好考慮這些可能性，並且每隔一段時間就要看看，是否在遺囑裡做些改動，或訂立一個新的遺囑來完全取代它。

書寫遺囑的方式是非常重要的。遺囑應該書寫清楚，以便於使訂立者的意圖簡潔明瞭，因為僅僅一個單字或短語不易理解，或者一個小的細節確切意思不清，都可能會在所指定的人之間造成長期、痛苦、代價高昂的訴訟，因為共同分割這筆財產，使得本來應該友好團結的人之間可能造成一種敵意。

委託專業人士或公司服務的益處

應該委託一位稱職的律師來起草遺囑，因為遺囑的措詞和

語言表達有特定的法律要求，特別是各個州有不同的具體條款；與不熟悉法律中各種細微差異的普通人相比，律師能更好地解決這些問題。相比於一份正確起草和執行的遺囑對財產所發揮的保護，律師由於提供服務而收取的費用是微不足道的。

但是，在訂立遺囑之前，諮詢一下知名信託公司的人員，了解一下是否有可能建立一種託管關係，以便積極地確保財產能準確地按照意願進行分割，或者受益人應該受到保護，以避免生活陷入困境是比較明智的。在這種關係下，任何一家信託公司的職員都樂於提出建議，並指導人們找稱職的律師起草遺囑。

很少有人進行商業活動僅僅就是為了從累積資金或財產中獲得樂趣，一想到我們的家和家人，我們工作時就有了支持後盾。不幸的是，我們大多數人都忙於從事累積上面所提到構成適當財富的東西，在遺產的創立者去世後，我們幾乎沒有時間，也不想去教育我們的家人，如何恰當地使用和管理這筆遺產。精算組織的紀錄真實地呈現了這一點，即普通人家的遺產在其創立者去世 7 年後，就完全地消失、浪費、丟失或被盜。

很大程度上，正是在這些情況下，或出於這些原因，就產生了我們所了解的信託公司。我們可以把信託公司定義為金錢或財產的守護者，接受過高度安全細節方面的訓練，具備高度合法的保衛功能，使其在處理託付給自己的事務時幾乎不可能

出錯。

　　信託公司進行的服務幾乎可以滿足任何家庭或遺產的需要和要求。他們的收費只是按照實際的工作來收取，而且他們的最高收費是法律明確規定的，儘管人們經常發現他們所收取的費用實際上要遠低於法律上所允許的金額。

　　適當地保護一個人年富力強時所獲得的財產，以及在一家之主去世後維護其親人的利益，只是成功經營家庭的一部分，正如資金的累積是為了建造家園一樣。以下簡單地描述一下信託公司的功能，以及這些功能發揮作用的方式。

信託的好處

　　以下介紹現代信託公司以代理人身分提供的服務種類，供大家參考：

　　信託公司接受來自個人或公司的證券監管，並出具收據。首先這確保安全地保管這樣的證券，因為所有現代的信託公司都裝備著最新式、最現代的保管庫，當證券的主人把證券存放進去時，他就向信託公司出具一份指示函，說明信託公司關於帳戶要承擔的全部責任。根據這些指示，信託公司會為寄託人的帳戶托收、貸記該帳戶，或將委託它保管的財產所產生的收

益匯寄給寄託人。在投資期滿收回本金時，例如收兌的債券或期滿的債券等等，它遵守對所獲得的資金進行再投資的指示，或準備提供一個再投資的安全計畫。

經代理人授權，信託公司要準備好聯邦所得稅法規定的所有權證書，以便在托收時與息票放在一起遞送。

而根據委託人的具體指示，信託公司可以購買或銷售證券。按照寄託者指定的次數，信託公司將提供定期報表，顯示出所保管的證券、所收到或支出的資金。當被要求這麼做、或定期這麼做時，信託公司要對客戶的投資出具報告，而且這些報告應該提供如下資訊：股息的增加、減少和變化量；將債券轉換成股票的特權；認購新發行的債券和股票的權利；利息終止時債券的收兌；指定接收人；指定保護和重組委員會；重組計畫的細節。

信託公司要代表客戶負責支付不動產和動產稅、抵押和銀行貸款的利息，以及人壽、防盜及火災保險費。房屋財產的出租和銷售、房租的收取及房屋的修繕，也都包括在信託公司為客戶所提供的服務範圍之內。

為孩子、親屬、及其他家屬支付津貼是它的另一項服務內容，這項服務受到大家的喜歡，這不僅僅是因為它容許定期支付家屬以之為生的津貼，而且免除了慈善款有時要求直接由個人支付這樣的問題，在很多時候這是一種令贈與者和接受者都

討厭的行為。

當一個人渴望擺脫瑣碎的日常憂慮和管理財產的麻煩和苦惱，同時還能感覺到他的財產會受到專家的監管和留心，這時他會覺得，具有各種組織形式和配有現代設施的信託公司隨時會為這種代理關係，提供無微不至的關懷和周到的服務。

信託公司並不參與任何股票公司的促銷活動，不從事擔保業務，也不進行聯合擔保或參與忠實保險，它並不進行投機活動，不會用委託給它的財產進行任何冒險投資。它不會把信託資金混合起來，而是使每一筆託付的財產和證券保持彼此的獨立性；它並不保證所處理的信託資金的固定收益，但確保客戶獲得與本金絕對安全性一致的最可能收益。

自願信託（生前信託）

信託公司所提供的越來越受歡迎的服務形式之一被稱為自願信託或生前信託，目的是在客戶與信託公司達成委託協定後，該服務能在他有生之年生效。

這種信託透過協定將個人的全部或部分財產轉移給公司，協議具體規定了信託公司如何處理被託付的財產，以及如何處理獲利和本金，這種生前託付或自願託付可以是不能撤銷的，

也可以由訂立者根據意願終止。很多商人從事高風險的行業，或從事的行業損失錢財的機會與獲得大量回報的機會相互抵消，他們發現不可撤銷的託付明顯對他們有利，因為這能夠保障他們商業的風險性，不會讓他們在某個時刻完全破產。

因此，在生意興隆時期，商人會將一部分財產以不可撤銷的託付方式轉移給信託公司，替他管理一段時間，或在有生之年為他管理，以及在他去世後為他的繼承人管理。轉移到信託公司的這批財產，由於不受自己的直接控制，即使在他生意迫切需要資金的情況下，也抽不回本金來應急；它也不會被用來進行投機行為。事實上，透過生前不可撤銷的信託，他已經使自己避免在將來犯錯誤，也避免了自己所從事的生意陷入衰退的可能性。

自願或生前信託的目的是多種多樣的，下面是一些這樣的信託可能會達到的結果：成功地處理因生病而被迫退休的人的生意；為年老體弱的人及身心障礙者提供一份收入；為未成年人建立一份基金；為特定的人群提供支持或教育；為特定的宗教或慈善組織提供一份收入；在妻子的有生之年為她提供一份收入；為未婚夫或未婚妻提供一份收入；提供一份夫妻財產協定；按照離婚協定或分居協定，提供一份收入；人壽保險資金的領取和支付。

這樣的信託協議期限為「兩代人的壽命再加上 21 年」，意

思是不超過在信託協議中可能被指定為受益人的兩代人的壽命，並往後再延續 21 年。

在自願信託或生前信託按訂立者的意願可以撤銷的情況下，人們就可能會在選擇中止協議時，從信託公司那裡取回財產。這些信託可能會延續幾年，或者是在訂立者的有生之年有效，或者在他去世後在他妻子或孩子的有生之年有效。

按照法律的規定，託付訂立者能確保自己的財產可得到恰當的管理和投資，同時還能免除與此相關的所有負擔和責任。它提供了一種方式，該方式使人們確保財產免受損失的同時，還能享受到財產所帶來的好處。

統計顯示，就寡婦和兒童而言，由於缺少商業訓練和投資技巧，從保險公司收到人壽保險費後，5 年之內超過 80% 的資金都會被浪費，當丈夫為了保護親人而購買保險時，這根本不是他們的本意。正是由於這種驚人的損失，才產生了人壽保險信託。

保險信託

人壽保險信託的目的就是為了保證保險金的安全。事實上，在當代，各行各業的人都買了人壽保險，以便在失去自己

的供養後，妻子和孩子們還能獲得適當的收入。然而很多男子認為，由於買了人壽保險，在被死神召喚的時候，他們已經做好了充足的準備，而且他們所愛的人的利益也會得到充分地保護。

在很多情況下，所買的保險如果得到了合理的投資，就足以帶來豐厚的收入，但是在大多數情況下，投資和保存保險金的重擔就落在了沒有任何生意經營經驗的寡婦頭上。除了在為自己的資金選擇合適的投資項目方面缺乏經驗外，寡婦們總是碰到狡猾的推銷員，向她推銷快速致富的股票，或者碰到一些朋友向她推薦萬無一失的投資項目。就在毫無戒心的寡婦從保險公司領回支票時，這些溫文儒雅的紳士們總是適時出現在身邊，通常的結果就是寡婦們很快就失去了在丈夫有生之年所積存的、她和她丈夫做出很大犧牲才獲得的資金。

人壽保險信託是為了那些出於對家人幸福的關心，防止保險金消散或損失，使它不受那些狡猾的人和邪惡的顧問掌控的人而創立的。

這件事情很好解決。購買保險的人在保單中指定信託公司為受益人，而非他所希望獲得保險金收益的個人，然後他與信託公司達成信託協定，根據這項協定，該機構應嚴格按照被保險人的願望對保單的收益進行托收、持有和投資。為了妻子、孩子、及協議中其他可能指定人的利益，信託公司會按協議規

定的相應比例和次數支付收益及本金。

　　按照這種方式處理保險金可獲得很多好處，像是合約的條款，也就是說，信託公司要支付保險金的收益和本金的條件，可根據被保險人的願望來訂立。例如，他可以規定，正常情況下，將資金的收益在某些具體的時間和按照特定的數額支付給家人或家庭中的其他成員，某些類型的保險單包括這個條款，但是他可以做出進一步的規定，按照這些規定，倘若一些非常事件、意外事件、或發生特殊情況時，信託公司被授權將一部分本金支付給受益人，或者他可以規定一旦某些孩子結婚了，就不再向他們支付收益，而是將其在剩餘的家庭成員中按比例分配，或者他可以安排拿出一定比例的收益，提前支付房屋貸款。

遺產管理

　　當一個人立遺囑時，他有權指定個人或組織去掌管他的遺產，並且確保遺囑規定的條款得到實施，這樣的人或組織被稱為遺囑執行者。如果一個人還沒有立遺囑就去世了，遺囑檢驗法庭就會任命一個人去處理遺產，這個被法庭任命的人被稱為遺產管理人。

　　遺囑執行者的義務就是接管遺產；托收遺產的應收帳戶款；支付債務和費用；向法庭做出適當的報告；在合適的時間向遺囑檢驗法庭做出最終報告；根據遺囑的條款，並在法庭的指導下分配遺產。通常，這一切要在遺囑被提交遺囑檢驗法庭後 1 年之內完成，除非解決遺囑時出現特有情況有必要延長時間。

　　在昔日，按照慣例，人們會指定最親近的朋友或商業顧問作為遺囑執行人；換句話說，在管理遺產期間和結束時，他們會選擇自己最好的朋友掌管家裡的經濟大權，並作為孩子的監護人。這是對朋友一個很好的讚美，並表達了對朋友的信任，但是也有一點小小的不公平，因為這涉及到大量的時間和勞動及責任。

　　任何人，即使是私人朋友，而且擁有眾人矚目的商業才能，通常也不會有足夠的時間及處理遺產的經驗來恰當地處理這樣的事情。他也許活不到那麼長時間來完成自己的任務；他自己的事情也不能忽略，而且當遺產問題最需要他去關注時，他也許必須缺席重要的商業活動或不能去度假。

　　恰當地管理遺產是享有盛譽的信託公司的業務，由於有了這樣的機構，這就不像處理個人的枝節性問題那樣了。從遺產執行人職責的角度考慮下列與信託公司有關的事實，就能立刻證明它們的價值：

1. 它們是永恆的公共機構，永遠不會生病，永遠不會死亡，

它們的實力不斷成長，而且隨著業務的成長，能力也在不斷地增強。

2. 受法律的約束，信託公司唯一的目的就是忠實地執行遺囑裡的每一項指示，遺產由於股本、盈餘及股東的責任而避免受到損失。

3. 它的職員 1 年中的每個工作日都在上班，他們不喝酒、不賭博，也不投機，沒有任何好惡，也不會捲入家庭糾紛當中。

4. 信託公司在為客戶提供最好的服務的同時，自己也獲得了最大的成就。

如上所述，遺囑檢驗通常需要 1 年的時間，而且遺產執行者有義務盡快地解決完遺產問題。在解決遺產問題時，他或者根據遺囑的條款將遺產分配給繼承人，或者，為了繼承人的利益，如果將全部或部分遺產變成信託，他就將信託部分交給受託人來解決遺產問題。指定受託人及遺囑執行者正是遺囑訂立人的特權。

遺囑中所指定的受託人的義務就是，在遺囑認證訴訟結束時從遺囑執行人手裡接收所委託的遺產，並對它進行保留、管理及支配、對信託財產收益進行投資和再投資，並把收益和本金分配給受益人。受託人必須繼續履行自己的義務，直到滿足遺囑中所規定的所有條款要求，儘管這可能要花費很多年。這麼多項義務和責任，看起來頗像強迫增加了最親近友人肩膀上的大麻煩。

　　越來越多精明的商人在為遺產分配做規劃，以便於將全部或部分財產進行以家人為受益人的委託。在很多情況下，非常可取的做法是將財產保存和保護起來，包括對本金的使用，直到家庭成員擁有豐富的經驗或不再需要保護。這些人意識到有時與賺錢和獲利相比，守住這些錢才是更難的。

　　通常妻子比丈夫缺乏商業經驗。身為一名寡婦，除了管理家庭的重擔外，她還必須承擔起原本由丈夫所處理的事務的責任，這種責任，加上缺乏經驗，使她很容易成為肆無忌憚的顧問的犧牲品，而且妻子、孩子、或其他親屬突然獲得一大筆錢財，會給他們造成一種難以承受的負擔和責任，即使那些在商業方面富有經驗的人也同樣如此。

　　出於謹慎及對家人的關愛，人們將財產交由有能力有經驗的人去管理。有人可能會捨不得將一大筆錢交給他們缺乏經驗的妻子和未成年的孩子，儘管他可以和他們一起管理他們的事務，使他們免受損失，然而在他去世時，就是這麼做的，將他的遺產交由家人，由他們根據自己的想像去分割處理。透過建立一種信託，就可以避免財產浪費的危險，和由此帶來的親人的痛苦。

受信託人的職責

　　根據遺囑，可以明確受信託人的職責，像遺囑訂立人所渴望的那樣，完成對遺產的所有安排。一種越來越受歡迎的形式就是將大部分遺產進行信託，透過這種信託，寡婦在有生之年獲得收益，在她去世後，等孩子將來成年、成熟並富有經驗時，將財產的本金在孩子間進行分配。

　　就允許將遺囑提交給遺囑檢驗法庭而言，我們要簡要地列舉必須採取的步驟，因為不管商業經驗有多豐富，大部分人並不了解該如何採取這些步驟。

　　首先，對遺囑進行檢驗的申請必須要備案，而且原件也必須向法庭備案。然後，申請的遺產檢驗聽證會的通知必須按照相關法律所規定的方式來發布，或刊登在相關刊物上，申請檢驗的聽證會的通知還必須按照法律所規定的方式和時間郵寄給正確的人。如果遺囑指定遺囑執行人，必須確定執行人是否已聲明放棄執行的權利，如果他聲明放棄或如果沒有指定遺囑執行人，那麼，必須要有一個任命遺產管理人的申請書，簽字確認後隨遺囑附上。

　　其次，處理該事的人必須確認聽證會通知是否已經被工作人員寄出、宣誓書是否被存檔，然後必須確定表明法庭檢驗遺囑的有效時間的通知單是否已被寄出，以及涉及到檢驗遺囑通

知時間刊登問題的宣誓書是否已經被存檔。

處理遺囑的人必須確定法官是否已經對證明遺囑的證件和找到的事實簽字確認，他必須了解簽有遺囑證人以及遺囑檢驗申請人名字的證詞是否已經存檔了。如果遺囑證人不在本州，他們必須要製作一份委任宣誓書，宣誓為他們作證，並且指示工作人員來發布這樣一道委任狀。

他必須確保製作遺囑的影印本上面載有行政長官的名字和地址，並註明要求宣誓作證發出和返回的時間，他也必須確定法庭允許遺囑檢驗的命令及法庭任命遺產管理人的命令能否恰當地提出。

他有義務確定遺囑執行者或管理者的債券是否已經存檔並被批准；信件遺囑是否已經發布和存檔；附有遺囑的遺產管理信件是否已經發布和存檔；他也必須註明是否有人對遺囑產生爭議，及爭議的結果；他有義務確保向債權人發布的通知已經刊登、刊登多長時間，以及該報紙的名稱；他必須了解索賠的截止日期；他必須確保刊登的第一份聲明被存檔，有關刊登給債券人的通知的宣誓書已被存檔。

當所有這一切都經過恰當地處理，而且法庭通過了，接著就可以處理遺產了。對於在必要程式方面完全沒受過相關教育的人來說，這是一項繁重的任務，但是信託公司卻因為具有每天都在處理這些事務的專家團隊，而能夠很出色地完成它。

第 11 章
量身訂做理財計畫

善用分期付款

　　我們要記住，在我們這個國家，較高的平均生活水準很大程度上是由於我們勇於承擔債務的表現，同時我們漂亮的房子所占的百分比更大，而且這些房子布置得更漂亮，設施更完備，這些都是因為分期付款買房子及家具都很容易。

　　存錢很容易，成為投資人也很容易；如果你手頭沒有投資的錢，那就負債。但如果目前的負債意味著將來能力的提升，並且對個人來說有務實的計畫去解決它，那這種負債就值得稱讚，適當的債務就成為了財富。

　　把錢存起來是很有意思的，無論金額多少，但是儲蓄、流通、及具體的儲蓄行為本身是沒有樂趣的，對我們大多數人來說甚至有點無聊，除非我們有明確的原因進行儲蓄。如果我們想要靠定期存一些錢而取得很大成就，那麼在儲蓄時我們需要體驗一種愉快的預期感。

活用閒置資金

　　透過分期付款來投資購買證券是一種不錯的選擇，個人財富的逐漸成長具有一種魅力。人們首先要償還大量的債務

—— 證券成本與初始存款的差額，然後會發覺透過每月還款使債務減少了；接著會發現由於證券的利息或紅利的收入，債務進一步減少，在短時間內，甚至比期望還短得多的時間內，就償還完了債務，而且還使得財力獲得了極大的提升。

除非將錢存入銀行是為了當前的需要，否則是無用的，銀行裡的盈餘資金就是閒置貨幣，而且總會因一些想到的花費而將其取出。有閒置貨幣的人應該立刻利用它來進行投資，然後讓這些錢發揮作用，且要確保儲蓄的錢將來也像得到時一樣能夠快速地發揮作用。

當然，一個人所能欠的最明智的債務就是為了買房子。但要買一棟真正的房子可不僅是出去逛逛，買一棟我們很喜歡的房子，這房子必須可看作是未來幾年裡家人幸福的居所。當我們選定了能滿足這個條件的房子時，就可以舉債購買它了。

除了謀生，工作也為滿足生活的樂趣

在成功地籌措買房資金的奇妙活動中，為了有所產出，我們必須工作，為了謀生、體會生活的樂趣，我們必須勞動。悲觀主義者把勞動定義為我們為謀生而付出的代價，當然，這只不過是一個真正悲觀者的定義，但是，接受這個定義的價值

時，我們也最好記住，在生活或工作中我們所得到的不會超出我們所付出的。如果謀生就是我們用勞動換來的商品，我們可以保證，我們沒有資格獲得比我們所付出的更高價格的商品。

勞動，個人的工作，不僅僅是為了謀生，適當來看待的話，它是生活的首要樂趣。這樣看來，它為我們源源不斷地買來越來越多有形的東西，使我們過著舒適的生活，同時也為我們增加了金錢所買不來的財富。

我們從用什麼新詞去衡量那種「純粹厭倦」的強烈感覺，如果那種厭倦已經來自於我們繼續不停地專注於我們再熟悉不過的工作？我們因激動而狂歡，那些不靠勞動來謀生的懶惰者，根本就體會不到工作帶來的歡樂和激動，也體會不到由於高度專注而帶來的狂歡感覺。看到一份工作出色地完成，享受對完成工作的沉思，注意每一刻或每一天所取得的進步，如果不工作，我們根本無法體驗到這種快樂。工人很自豪地領取高額回報，我們為工作自豪，是因為我們知道我們正在為家屬的幸福做出貢獻，同時也因為我們增加了公共福利而深感欣慰。

在做我們自己的事情時，我們可以體會到發展技能和提升速度所帶來的巨大樂趣。滿足是工人所獲得的最大回報之一，滿足的工人在工作中總是能找到令自己感興趣的事情，因為他的滿足來自於他知道自己從事的工作屬於整個世界的一部分，讓世界成為一個更適合自己、親人及後人居住的地方。

藍天法案

　　根據許多傑出的金融家和經濟學家的觀點，賺錢似乎是我們最容易做的事情。身為人類來說，我們主要的困難似乎就是在真的賺了錢後要如何保存它，或用它來購買那些對於所花費的錢來說能夠真正給我們提供最大服務的東西。這特別適用於投資領域——如果我們要把自己看作成功的家庭金融家的話，在投資領域我們就必須要學會來去自如，但我們很多人還沒有學會投資與投機的區別。

　　實際上，聯邦的所有州都已經制定了所謂的「藍天法案」，該法案通常被認為是牢不可破的，具有公眾服務意識的官員覺得他們已經開始行動，使人們避免因為危險的投機而遭受損失，或者至少保證能有公平合理的機會來避免損失。

　　儘管這個立法經過周密的規劃，而且從整體上是為了大眾的利益所設計的，卻不能實現全面保護人民的結果，一位著名的金融家近來評論說：「有時看起來大眾好像樂於被剝削。當人們不想得到保護的時候，又如何能受到保護呢？我認為唯一的方式就是讓他們從經驗中學習，如果他們損失了一兩次，那麼將來他們就可能會更小心謹慎了。」

　　不久前，一位白髮蒼蒼的瘦小老婦人，來到一家知名投資公司的辦公室，詢問為什麼她所購買的由口齒伶俐的銷售員所

推銷的某支股票不能給她帶來極好的回報，而她用全部積蓄600 美元，在一家完全沒有價值的組織購買了一張股權證。

投資顧問問她為什麼購買這支股票，她說：「他是個很不錯的小夥子，一臉的誠實。他專門跑來見我，並且待了幾乎一下午，他肯定公司會支付大筆的利潤，而且股票在幾週之內價值就會翻倍。我需要更多的錢來還完我那小房子的欠款，所以就買了那支股票。他真是一個不錯的小夥子。」

投資銀行家的答覆加深了對小個子老婦人的理解，卻不能為她要回 600 美元。他說：「即使一臉誠實的善良年輕人都不會搭那麼遠的有軌電車，並且花費整個下午將財富贈送給陌生人，當這麼做的時候，他們是打算索取而不是給予。如果你付錢之前而不是之後來向我們諮詢這支股票，我們就可以讓你免受損失。目前，我們能做的就是提醒你，將來購買股票時一定要慎重。」

麻煩的來源就是，當小個子老婦人認為自己是在投資時，她其實是在投機。幾乎每個人都有能力進行某種規模的投資，購買可靠而保守的證券；一些人有能力進行投機，但那只是少數。

不要想「一夜暴富」

由一家知名金融公司出版的小型內部刊物刊登了如下的資訊：「走，不要跑」，在劇院的出口處，你注意到這些話了嗎？

「考慮一下為什麼會放在那裡，考慮一下狂野搗亂的暴民，用腳相互踩踏，強烈的欲望就是要『快點到那裡』，這與那些安靜有序地讓大家安全地出去，而且最終會更快地出去形成了對比。

投資也是一樣，如果你被強烈的快速致富的衝動所駕馭，你就有可能被踩在腳下，失去一切。

記住：以一種安靜、明智、安全的方式實現你的目標，至多只會多花費一點時間。迴避那種承諾能馬上帶來高額回報的投資，如果它只有聽起來一半好的話，你就永遠不要涉足。堅持基於人類需要的保守投資。

缺乏耐性是投資人最大的障礙，投資獲利需要時間，盡力去趕時間是很危險的。

採取『走，不要跑』作為你的投資指南。」

我們不需要詳細解釋上面引號中所包含的充滿智慧的話語，投資鐘擺正轉向了另一邊 —— 我們想要了解所投資公司的人員情況，而且如果投資獲得了合理的回報，我們會非常

滿意。

　　順便說一下，一位優秀的步行者可能比最快的奔跑者走更遠的距離而不會累垮。高速行進的人可能快速走完一小段路，但是在疾跑結束時就完全呼吸急促，做不了其他任何事情了。老練的步行者平穩的步伐創立了洲際紀錄的速度，而且穩重的步行者最終能充滿活力地完成比賽。如果一個人持續不斷地緩慢行進，即使是謹慎地緩慢行走，也可以到達目的地。與那些我們完全信任的人一起做生意，有一種真正的快樂。

　　人們經常說美國人是墨守成規的。我們做同樣的事情，日復一日，計畫中很少或沒有任何變動。如果可能的話，我們會光顧同一家餐館，坐同一張椅子；去看戲時我們也是設法獲得以前坐過的座位；我們喜歡到同一家商店購物，由同一位店員服務。事實上，這些並不是真正習慣的表現，也不是避免結交新友和擁有新的經歷，相反卻是自信的標誌。我們已經逐漸了解到特定的事物、地點、或人能夠滿足我們的需要或要求，而且我們在不知不覺中體會到了這種滿足的樂趣。

　　紐約中央鐵路系統的一位前總裁說：

　　「缺乏信心，缺少資訊，睡在同一張床上，（猶如）鎖在壁櫥裡被包圍起來。

　　當一個人有信心時，他做生意會成功，但是如果沒有信心，他就根本不應該涉足商業。因為信心是想像的產物，由資

訊產生。

　　我們的最佳商業管理人員之一曾經對我說，如果我們能夠
用事實來取代所有的謠言，那麼對於美國的工業和每個美國商
人平靜的心靈來說，那真是一件美妙的事情。所以生意，尤其
是好的生意，就是用資訊來代替猜想。」

　　在投資方面，就像在生活中的其他各項事務一樣，我們發
現和那些我們信任的人打交道真是件令人愉悅的事。這是好
事，對生意也有好處。

用資訊來取代猜想

　　好的生意就是用資訊來取代猜想。簡單來說，這就意味著
人們應該了解並信任他們購買投資證券公司的誠實正直。如果
只按照這個很簡單的規則來限制我們的投資，那麼我們就會大
大降低損失本金和積蓄的風險。

　　在我們這片土地上，有很多機構在從事可能的投資交易，
銀行、信託公司、投資銀行家、經紀人、債券公司、抵押公
司、房屋和借貸協會、及其他知名的機構，這些機構的大多
數都建立在穩固且誠實正直的基礎上，在自己的社團中，他們
擁有自己大量的資本，並最終促進社團的繁榮；如果顧客不發

財，他們就沒法生存。通常，他們透過將自己的資金投資到他們所經手的財產，來證實他們提供給投資人建議時的判斷力。

當人們與已確立聲望的知名公司打交道時，猜疑就會消除，可靠的資訊有助於我們創建好的事業。根據統計學家的觀點，85% 的人們只是得過且過，他們是生活的「幻想家」，另外 15% 的人是成功者，他們是「實做家」。

你是智力缺陷、缺乏遠見、無能、還是粗心？世人並不從這種類型的人中尋找個人的主動性或遠見。對於智力缺陷的人來說，我們有精神病院、貧民院及薪水最低廉的工作。到了 50 歲後，大部分受扶養者、寄生蟲、食客，都是由缺乏遠見的人所構成，年輕時他們只是圍著輕快的蠟燭火焰飛舞的蛾。

無能者總是在抱怨，因為別人的頭腦比他們的聰明；他們總是沉溺於自憐中，因為他們永遠沒有機會。這些人認為進步意味著「靠耍手腕得逞」，而實際上是靠「實做」。

粗心的人只是頭腦懶惰 —— 他們不思考，而不思考的人是既不值得考慮也不值得討論的。

個人的主動性是「保持生機，強烈地意識到我們潛力」的另一種說法；了解我們的能力，最充分地利用我們的知識。遠見只是向前看，並在困難出現之前解決它。

還有恐懼，恐懼建立在無知的基礎上。我們從來不害怕已了解的東西，我們不懼怕朋友。無知掩蓋事實真相，我們對不

理解的事物感到恐懼。

去做我們知道如何去做的事不難，當我們知道如何以及為什麼要去完成某一件事時，對該事的恐懼就消失了。

善待錢，它能為你效勞

要知道節儉會令你戰無不勝；要知道有計劃地儲蓄會為富有成效的投資奠定基礎；要知道如果你謹慎地安置你的錢財，它會心甘情願地為你服務。要知道這些事情，任何具有前瞻性的商人都能向你證明這些事。

透過獲得知識來消除恐懼，向前看，然後盡可能地證實你的判斷。對於那些知道自己在做什麼的人來說，金融領域是不存在任何暗藏風險的。

讀過這本書的人可能會公正地說，所提供的資訊和開支計畫有時缺乏完整性。由於涉及到的主題眾多，自然就不能完整地闡述其中任何一個。書中已調查了現存的與房屋有關的整個金融領域的知識，每一個部分所需要的空間與整個系列所需要的空間是一樣的，才能達到完整的目的。

我們不敢說這本書會成為關於如何賺錢、花錢、存錢、投資的有用的知識寶庫。一直以來，本書的目的只是激發人們沿

著將被證明為有益的特定軌道去思考，如果這些想法能夠成功實現，並獲得一個符合邏輯的結論的話。

　　沒有一個作家可以為讀者完成所有的思考，如果他能撒下創造性思考的種子，也許能夠澄清讀者腦海裡迄今為止一直不解的一些問題，那麼他就完成了自己所希望做的事情。但是這本書從頭至尾都有一個主導思想：與沒有計畫的人相比，擁有明確計畫的人走得更快更遠。

　　我們大多數人只是得過且過，在可能的時候盡情享樂，入不敷出，不能為肯定會到來的不測未雨綢繆，生活中充滿了希望，期望著透過某種方式，經過若干時間，就能夠擁有足夠多的錢來永遠擺脫經濟困擾。換句話說，他們除了欺騙朋友讓他們相信自己比實際更富有外，沒有任何行動計畫，而且模糊地聲明他們猜想自己還能「勉強過活」。

　　那些靠著「勉強過活」希望度日的人們，一生當中很少能實現他們的願望。缺乏明確的計畫，遲早會使漫無目的之人付出代價，這種代價要遠遠超出他從生活所獲得的真正價值。

　　在某種程度上我們都是創造者。首先，我們為自己塑造品格，而且是一種適合社區和國家的品格；我們建造房子，希望並期待將這些房子變成家園；我們創業，贏得商業信譽；我們創立信用，或好或壞；我們都想要創造家庭的幸福。任何一位名副其實的創造者 —— 不管他創造了什麼，如果沒有計畫，

是不會成功的。

計畫是必要的，它們不僅向我們具體描述了所要創造的結構，而且使我們能夠確定成本和價值，使我們能夠確定有關我們期望可以完成計畫的時間，給我們架設了一條條平坦得可讓我們行進的高速公路，而不是在沼澤地、沙子上及雪地上蜿蜒而行。

兩個理財的基本原則

身為一個民族，我們享有「儲蓄者」的傑出盛名，與全球其他國家相比，美國的人均儲蓄額更令人讚美；但是我們還有另一個名聲，這個名聲可就不如「儲蓄者」這個名聲那麼優秀了 —— 我們是世界上最大的浪費者。

其一，預先計畫的人不會浪費。

如果沒有明確的計畫，沒有人能夠期望在任何事業上獲得最大的成功，然而最需要計畫的莫過於追求金融上的獨立。

投資領域持久的結果很少是來自於偶然的、隨遇而安的、勉強糊口的方式進行儲蓄和投資，或許有一些特例，人們偶然性地把資金進行了投資，並產生了不正常的、童話般的回報。對於每一個這樣的案例，都有成千上萬元的損失，「投資人」不

僅丟失了資本，而且，這種損失使得他要長時間進行艱苦的努力才能夠獲得另一筆盈餘資金。很多的失敗者難以恢復過來，內心痛苦地過完自己的餘生。

我們都渴望金融獨立，金融獨立是幸福家庭的最終目的之一，如果這個目標不能實現，我們就會覺得我們沒有成功地經營好我們的家庭。但是我們永遠都不要忽略這樣一個事實，即金融獨立不是像蘑菇一樣一夜就可以出現的，它需要小心地種植、持續的照料、細心的培育。

其二，任何一項計畫本身都沒有價值，除非能將計畫執行完畢。

預算的制定除了是一種腦力勞動外，幾乎沒有什麼價值，除非這些計畫確實用來指導家庭的開支，而且只要條件允許的話能夠嚴格地遵守。

儲蓄計畫一文不值，除非是為了一個明確的目的，而且能夠持續 —— 零星的儲蓄從來不會帶人們走上金融獨立的高速公路。要想讓一項儲蓄計畫有價值，必須要完成它。有時當面對很多誘人的東西好像在乞求我們去買它們時，完成一項儲蓄計畫就需要很大的勇氣。

任何一項投資計畫，如果沒有奠定良好的開端，而且沒能始終如一去遵循的話，都不會成功。在尋求金融獨立時，如果把儲蓄上百次定期地投資購買良好而保守的證券，然後在一次

瘋狂的投機中損失了所有的證券，那麼，你所得到的回報就將是徹底消除了良好判斷力的感覺。

如果建房時在打地基或建立框架時就停工了，那麼沒有一間房子能給家人帶來很多幸福，或成為一個家。只有在封上了屋頂、安裝了門窗，配上適當的家具後，房子才能成為一個家。

如果這本書中的想法已經表明了計畫的必要性，並且要將計畫執行到底，那麼本書就沒有白寫，我的工作就獲得了雙倍的回報。

第 12 章
你應該要知道的金融常識

我們應該了解大約 100 個金融學中常使用的單字和術語，如果我們都知道這些術語，如果一聽到這些術語它們就能如圖片一樣清晰地浮現在我們腦海中，那麼我們往往能更快速有效地做決定。當我們和金融業人士或股票推銷員交談時，也不會再感到迷惘和不知所措；正所謂，如果一個人已了解某神祕事件的真相，這件事就不再顯得神祕。

為了幫助讀者建立認識陌生語言的基礎，我們為這些常用的術語和片語做簡單的解釋。學會下面的語言，可幫助您成功經營家庭財務：

- **財產紀錄（Abstract of Title）**：對一份財產所有者至始至終的紀錄。這由土地產權公司、名稱擔保公司和名稱保險公司負責準備紀錄。這些紀錄被稱為「搜索」，並顯示出土地中的任何產權負擔。證券公司在沒有被提供財產紀錄的情況下是不會給予土地貸款，任何一個個體不允許在沒有財產紀錄的情況下向任何一塊土地或一份財產進行貸款。

- **男性遺產管理者或女性遺產管理者（Administrator or Administratrix）**：一個人死亡，且沒立遺囑，遺囑認證法院或其他一些適當的法律機構將依照法律在死者合法繼承人中任命某個人繼承死者所有物和房產，這個人如果是男性稱為男性遺產管理者，如是女性稱為女性遺產管理者。

- **攤還（Amortize）**：意思是說透過創建一個償債基金來保

證債務的償還，即定期進行償還整個債務。舉例來說，如果一個人借款 1,000 美元，要求在 10 年內還清貸款，他可透過攤還方式在 10 年中每年償還 100 美元。

- **年利率 (Annual Interest)**：利息每年支付一次。每年只支付一次利息的投資並不像每三個月或六個月支付一次利息的投資那樣可取。

- **年金 (Annuity)**：一筆款項，按年支付或按固定時間支付。如果一個人遺囑中說要在其兒子一生中每月給予 100 美元，則其年金就是 1,200 美元。

- **鑑價 (Appraisement)**：指由公正機構鑑定某物的價值。在決定購買一份不動產之前確定銀行對這份不動產的鑑價，是判斷買價是否合理的一種安全方式。

- **估價 (Assessed Valuation)**：由市、郡或州對財產進行價值評估，目的是為方便稅收，通常估價值要遠遠小於其真實值。

- **資產 (Assets)**：凡屬個人或公司的任何有價物品，都可用來為個人或公司償還債務，履行義務。

- **寶寶債券 (Baby Bonds)**：發行的面值不超過 1,000 美元的債券。

- **銷售法案 (Bill of Sale)**：針對某些個人物品或財產，賣方出示給買方的書面文件，以此證明賣方在買方已支付一些費用的情況下，同意向買方轉讓物品所有權。銷售法案不能用於房地產轉讓。

- **藍天法案 (Blue Sky Law)**：這是不同國家為保護投資人

利益所制定的法案。法案給予國家權力機構禁止出售股票或債券，國家官員認為股票或債券的出售可能會導致投資人受騙，但是世界上任何一個藍天法案都不能禁止愚蠢投資行為的發生，其實有一個簡單的投資規則，那就是：「要投資，先調查。」

☐ **債券（Bond）**：這是由政府、州、市或公司簽訂的一個合約，表明彼此同意在一定期間內償還借來的部分資金，並支付一定時期內使用資金的租金。債券的種類很多，不熟悉債券種類的投資人可在做債券投資之前，從有信譽的債券公司或銀行高級職員獲取諮詢。

☐ **債券賠償（Bond of Indemnity）**：這是對受損的投資方設定的保護措施。在家戶金融中，債券賠償最常見的用途是保護家庭所有者對財產的留置權，並保證家園將根據合約指定的合約款項進行建設。合約裡沒有規定建築承包商應提供賠償保證金，或稱「擔保證券」時，任何人都不應承擔家園建設的責任。

☐ **獎金（Bonus）**：從金融學角度來說，獎金的含意是「透過額外手段使銷售價格更富吸引力」。例如，一家公司將在一定價格範圍內提供首選股票，為使價格有吸引力，公司將會向買主提供一些普通股票作為獎金。

☐ **帳面價值（Book Value）**：一家公司的股票價值由公司的帳目所展現，然而一個股票的帳面價值往往要比市場的股票價值高，所以投資人在決定投資之前一定要確保對各種股票作可靠無誤的諮詢。

☐ **虛假繁榮（Boom）**：由市場炒作上漲而非實際生產價值提

高所導致的價格上漲，虛假繁榮會隨著購買熱情下跌而癱瘓。當合理而自然的消費水準到來時，那些在虛假繁榮時購買的消費品就成了一堆廢品。

☐ **經紀人（Broker）**：負責採購和銷售，以現金或回扣方式收取他人的支付。

☐ **木桶商店（Bucket Shops）**：此術語指那些不負責任的經紀人的經營場所。它們的主要目的不在於經營，很少會有投資人在這些地方真正賺到錢。

☐ **建築和貸款協會（Building and Loan Associations）**：對持有有限儲蓄的人來說，這是真正的銀行機構。很多人的儲蓄會在這裡被結合在一起，有效地被利用在家園建設中。該協會的目的和計畫在本書第 5 章有清楚解釋。

☐ **建築抵押（Building Mortgage）**：有時候，或者說經常，這個術語被理解為是建築機械的留置權，法律允許機械和勞動者對勞動的對象提出財產索賠，或者由財產所有者支付材料供應費。即使你已完全支付建築承包商所有的工作費用，但如果承包商未支付工人薪水或材料費用，留置權仍可從所有者那裡被轉移。為防止這種財產損失，財產所有者應堅持要求承包人提供一份債券賠償以完整合約，或者保留最終付款，直到建築機械的留置權過期。

☐ **資本化（Capitalization）**：指一個公司拿去註冊做股票業務的總資金或每支股票的票面價值；換言之，就是可以安全投資到企業，投資後按照發起者和組織者的意願可以賺到足夠收入的資產。但是，投資人不應因為一個公司的股票而使自己與自己所有的儲蓄分離，原因很簡單，那就

是成百上千的美元已經資本化。一些州已成立相關法規，這使得大資本很容易被納入，往往原來擁有最大資本的企業成功機率卻是最小，在屈服於這些公司輝煌的招股說明書或他們能言善辯的推銷員會談前，請最好從有信譽的投資公司獲取意見。

☐ **安全保管（Care of Securities）**：股票、債券、契約、抵押和所有其他有價值的文件都應存放在安全的保險箱裡，和個人珍貴的保險金比來，保險箱的租用成本非常小。在把這些文件放進保險箱之前，請先做一張清單，描述得越詳細越好，然後把這張清單保存在你容易找到的地方。

☐ **認證支票（Certified Check）**：存放者存入銀行的一張普通支票，需透過銀行內一些權威人士的書面授權，經過他們的簽名，以此證明存放者有足夠的存款來支付支票。該支票被存入帳戶後，將由銀行支付票面款項。

☐ **支票（Checks）**：銀行帳戶中的支票已成為我們現代業務和日常生活中常見的事物，因此不需要過多描述它的用處，但是，關於支票有一些要點沒有得到人們普遍的正確認識。首先，無論是現金還是存款，所有的支票都要盡快存到自己的帳戶中，持著支票總會使持票人處在要接收支票的身分中，使持票人處在保持帳戶平衡的狀態中，結果往往導致持票人受損。在多數州，支票的有效期隨著開示支票的人的死亡而失效；如果開示支票的人陷入經濟困境，持有支票的人不會得到任何賠償，除非在他持有支票期間其他的支票被製作和發行。在開支票時，建議最好在支票的左下角作注釋，寫好有關付款專案。這樣的支票，

當它已被支付而被銀行退回時，其仍保留效力，可以被法院接受成為證明支票被付清的直接證據；當支票被銀行退回後，要保存支票至少 5 年，它們至少可以被當作證據。

☐ **抵押品（Collateral）**：保障了在一定時間和條件下貸款的償還。

☐ **佣金（Commission）**：銀行家或經紀人為客戶購買證券而收取的費用。信譽好的股票公司向投資人收取的購買股票或債券的佣金比起推銷員向投資人收取的債券佣金要少得多；另外，投資人的受益遠不止省下了一些費用，他們還會得到來自信譽好的投資公司提供的如何機智地選取適合自己需求的證券的建議。然而事實上，推銷員向客戶推薦的證券並不完全是出自為客戶的福利考慮，更多是為了保證自己的銷售和佣金著想。

☐ **普通股（Common Stock）**：這部分資本的股息只有當其他所有的義務得以實現後才會被支付，也就是說，股息只有在公司的債務得以還清，債券特別股的利息得以支付或利息和基金得以提供的情況下才能被兌換。無論公司的收入中剩餘什麼都可用來支付普通股的股息，普通股代表在該公司的股資所有權，普通投資人在沒有得到可靠能幹的投資顧問建議的情況下，不應隨意購買普通股。

☐ **股份公司（Corporation）**：「只存在於法律內涵中的無形法人」，這是股份公司的法律定義。平時我們經常使用公司（company）一詞，股份公司或公司在獲得國家特許後在某些特定的規定和條件下，為了某些目的而經營某些特定類別的業務。一個股份公司的股票持有者是公司的合作

夥伴，既然是合作夥伴就應按照本人持有股票的比例盡償付公司債務的義務。通常情況下，市政當局被稱為股份公司，因為根據國家法律，市政當局作為獨立的公司經營管理其內部業務。

☐ **息票（Coupon）**：我們對息票最感興趣之處在於它們與債券緊密相連，代表一段時間內債券的利息。債券擁有足夠數量的息票，每張息票支付的有效期持續到整個債券的使用期，如果在息票被支付之前就停止使用息票，這是很不明智的做法。當息票可兌換為貨幣時，人們便將很多息票一次性換成現金，很多時候，息票遺失或被毀，就會讓物主造成損失。將息票保留在債券中並及時兌換，那麼，當最後一張息票被兌換後，債券的價值便趨向完成，債券發放公司將支付其所有價值。投資人沒有必要為了得到利息而將息票賣給特定人士，息票可被存入銀行，銀行將會把相關資訊和信貸數額放入您的帳戶。

☐ **信用卡（Credit）**：這個詞來自拉丁文 credere，意思是「信任」。當我們出示信用卡時，我們可獲得物品、服務或金錢，這意味著我們有足夠的信心讓別人相信我們是誠實的，只要承諾我們就會履行義務。因此，信用卡最應被謹慎對待，如果我們失去了信用，我們即失去了別人對我們的信任。

☐ **累積（Cumulative）**：我們經常會看到有關股票的說明──優先累積，「優先」意味著任何一個普通股股息在被支付之前，股息將會被投入到這個特定的股票中。特別股通常特指一些紅利，特別像是 7% 的利率，但當「累積」

一詞放在「優先」這個詞前面時，就意味著萬一公司沒有能力支付 1 年中股息的數額，那麼這一年的股息就會算在下一年的股息中，以此類推，直到公司在支付任何普通股股息之前有足夠的利潤來支付所有積存的特別股股息。以投資言，用公司的特別股作為普通股的累積變得越來越沒有吸引力，這是因為如果公司拖欠特別股的支付達 1 到 2 年，這個公司的收入也許永遠也還不清所有債務，這就會導致公司毫無能力支付普通股的股息。

☐ **寬限期（Days of Grace）**：一般來說，諸如說明抵押物或其他文件可允許在 3 天期限內付清費用，逾期不付者，法律可按程式收回文件。如果財物持有者主張施行寬限期，則他應該承擔寬限期中的額外利息。

☐ **公司債券（Debenture）**：這是我們經常看到向投資人提供債券的形式或類別，通常債券的發放要伴隨給公司的財產抵押物，以此作為安全支付的籌碼，但是公司債券只意味著對公司預測特別股和普通股時多了一份義務，通常不承擔對公司的設備或財產的抵押。事實上，公司債券只是公司優惠券的一種形式，不必擔保公司的聲譽和管理，投資人應在投資公司債券前做好詳細諮詢。

☐ **契約（Deed）**：在財產交易中，契約取代了現金交易的形式。通常來說有兩種契約形式：產權轉讓契約和擔保契約。在產權轉讓契約中，財產銷售方不承擔條款中任何瑕疵；而在擔保契約中，賣方需擔保財產條目清晰無誤。一個人若在沒有擔保契約的情況下購買財產是很不明智的，因為擔保契約已透過擁有良好聲譽的公司的謹慎認證，若

非如此，財產將永遠不可能作為擔保而被借用，銀行對這方面尤其關注。

- **赤字（Deficit）**：一個企業出現了赤字這種表述，事實上是對該企業處於虧空狀態的一種婉轉的表達方式，意思是說經營該企業的開銷要大於企業獲利。

- **股息（Dividends）**：利潤的劃分。當公司的收益金額高於開銷金額，且公司已支付了其他一切開銷，所剩收益或部分收益將由股東按股份平分，這種劃分構成了股息公司。股息代表了在公司投資的受益權——從債券中獲得的金錢被稱為利息而不是股息，我們購買債券是先把錢借給公司發放債券而後獲得穩定薪金，而購買股票我們只參與分紅。

- **抵押資產淨值（Equity）**：抵押品價值之外的財產價值被稱為抵押資產淨值。這是一個沒有被很多人正確理解的名詞，人們往往低估或高估財產的抵押資產淨值。例如，一個年輕女子購買了價值 1,000 美元的地產，她按合約支付了 500 美元，並承擔 500 美元的抵押，緊接著她會說她有價值 500 美元的抵押資產淨值，這種說法可能準確也可能不準確。事實上，如果她被迫出售財產支付抵押，那麼她的抵押資產淨值取決於她的財產所剩物。抵押物至關重要，如果她不精通於財產選擇，並以過高價格簽約，那麼她的抵押資產淨值將不會有這麼多；另一方面，如果她能將地產以高於 1,000 美元的價格出售，則她的抵押資產淨值將在 500 美元和她所售金額之間跳動。

- **代管（Escrow）**：銀行協定術語，指甲乙雙方經過協商，

同意將某物放在第三人手中保管，如果某些特定的條件得到滿足，物品將根據協定交付或退還到主人那裡。延期付款購買的財產是一種代管，銀行或信託公司負責保管合約和財產名稱，直到付款完成，這種方法既保證了買房，又保證了賣方的利益。

- **遺囑執行人 (Executor or Executrix)**：個人或公司根據立遺囑的人的願望執行相關規定。越來越多的商界名人委託信託公司作為自己的遺囑執行者，這種計畫會給繼承人帶來很多便利。

- **繼承權 (Fee)**：在金融術語中，這個詞是說某人對某物例如證券或財產等的絕對所有權，沒有任何的抵押物，延期付款或其他累贅。用於房地產領域時，人們經常使用「簡約土地所有權」（fee simple）這個術語，儘管土地所有權（to own in fee）這種表達更接近有關財產繼承的古老普通法案的規定。

- **信託 (Fiduciary)**：這是另一個來自拉丁文的名詞，意思是信任或信賴。所以這個術語在信託公司的職員那裡很受歡迎，他們很喜歡稱自己經手的房地產為「信託地產」。信託機構就是用信任接手客戶的事件，用心來呵護客戶。

- **第一抵押債券 (First Mortgage Bonds)**：簡而言之，這是對借款支付的一個承諾，以債券的形式出現，以對財產的第一抵押債券的形式作擔保。

- **固定費用 (Fixed Charges)**：固定費用和非經常費用（overhead expense）之間有差別，雖然這兩個詞在會計結算時常常被混淆。公司的固定費用一般被視為是債券、浮

動債務、基金、租金、稅收和保險的利息。

- **取消抵押品贖回權 (Foreclosure)**：取回抵押品是為了取回財產，賣掉抵押品是為了確保債務的償還，因為抵押品被視為擔保物。很多人認為財產的整個價值在於抵押物的所有者，其實這是不正確的。債後金額，加上取消抵押品贖回權的費用和其他的留置權，是剔除在得到的出售金額之外的，其餘的部分必須給予簽署抵押的人及他的繼承人。

- **特許經營 (Franchise)**：公共事業，諸如電力、煤氣、自來水、通訊公司等，需要徵得特殊的許可或特權來經營業務，這種特權被稱為特許經營。通常這種特權已在數年前由市政當局授予，購買這類公司債券時，最好要確定債券的壽命不要超過特許經營權的期限。

- **扣押 / 第三債務人 (Garnishment/Garnishee)**：如果史密斯先生欠瓊斯先生的錢不還，瓊斯先生可以在訴諸法律的過程中，附屬上史密斯先生相等於債務數額的任何財產，薪水或銀行帳戶，此即被稱為扣押。這個詞不像以前那樣廣泛使用，更具表現力的內容「附件」，如今被更普遍使用。

- **保息股 (Guaranteed Stocks)**：有些股票或股份是一些大公司保證支付股息，有時是因為有些大公司有承擔運作和管理公司股票發行的法律責任。例如，在一個大的鐵路系統中簽一個租賃合約經營一條較小的線路或鐵路部門，那麼這條較小線路的股票通常就被簽合約的公司所保證，這些較小的股票往往是鐵路保證了決策的租賃公司，這是

一種受歡迎的投資方式。

- **監護人 (Guardian)**：由法院任命或在遺囑中指定，對無民事行為能力和限制民事行為能力者（如未成年人）、財產和其他合法權益負有監督和保護責任的人。

- **控股公司 (Holding Company)**：這些公司達成了他們擁有其他公司股票的目的，並確保從處理其他公司股票中取得利潤分紅，他們的目的經常是規避法律管束，這將使一些公司被非法合併，在過去幾年，控股公司的影響已經在美國或多或少的出現了。當一個人在一家控股公司購買股票，他並沒有買入由控股公司經營的這家公司的股票，相反地，他只購買該控股公司的普通股，參與利潤分紅，投資人在投放資金之前，將以控股公司管理人員的身分徹底鞏固好自己。

- **抵押 (Hypothecate)**：為了誠信，把一些抵押品，例如股票、債券和其他有價值的東西，放置在存款作為貸款的擔保，這段期間它們不能被出售、交易或以其他方式使用，直到債務清償。

- **收入 (Income)**：在金融領域內的收入一般用來表示每年從投資返回的金額，從薪水和業務之類取得的通常被稱為「收益」。然而，近來這個詞越來越普遍適用於每年財政累積的所有來源，這種現象的發生，毫無疑問在很大程度上是從聯邦所得稅下普通民眾的收入中取得的。

- **背書 (Indorse)**：當一個人把他的名字寫在支票或其他文件的背面，為轉讓其所有權給他人，或為保證履行該文件中所載的義務，這就叫背書；在銀行支票業務中，簽發

支票的背書人可以使其他人兌現支票。人們不應該隨意背書，除非已經檢查準備存款或者付款。在股票證書，或債券背面一經背書，該股票或債券有可能就得轉讓給他人，這種證券不應該被所有者背書，除非想立即轉讓所有權。一個背書的票據意味著背書人同意票據所涉及的貸款額，如果貸款人無法償還債務而他被要求支付，對此他應該心裡有數。

- **興業證券 / 工業股（Industrial Securities/Industrials）**：製造業公司發行的股票和債券。

- **遺產稅（Inheritance Tax）**：按國家法律從遺產繼承者徵收的稅，這種稅不像其他稅要每年支付，但需在收到財產時支付稅款。

- **利息（Interest）**：貨幣，像其他商品一樣，使用它必須有一定的報酬，利息可稱為貨幣的租值。債券支付的利息是發行債券或票據的公司對貨幣的使用租金，相反地，股息並不代表貨幣的租值，而是代表賺錢的能力，因為股息是利潤分成。

- **投資（Investment）**：關於「投資」和「投機」的定義很混亂。一位作家曾經這樣描述兩者的差異，「在肥沃的土壤播下良種就是投資，打賭這塊土地能產出多少馬鈴薯就是投機。」在投資中，資金投入的安全是首要考慮的，第二則是投資將獲得的利潤，提高本金的價值則是最後被考慮。

- **投資銀行家（Investment Banker）**：一個進行投資交易的人，他為自己或自己的公司購買大量的投資，然後再賣

給他的客戶或顧客，他的主要收入來自他買進和賣出證券的差額。投資銀行家和股票經紀人的區別在於股票經紀人不為自己購買，而是對支付交易佣金的買家銷售服務。

☐ **水利債券 (Irrigation Bonds)**：政府下達的文件或在一個區域貸款建造和經營水利工程來灌溉土地，在將他們的資金放在債券灌溉之前，投資人將諮詢信譽良好的投資銀行家，因為他們有很多條件可以挑選。

☐ **次級債 (Junior Bonds)**：有時公司為了擴張或者其他目的，會發現有必要借款，債券的發行就是為了這個目的。由於債券的擔保通常用公司的財產作抵押，有些債券在價值上就要比一些債券次等，所以當財產被沒收時，那些次等債券可以先不清償，直到其他債券被償還完。

☐ **法定假日 (Legal Holidays)**：包括法定的週休假日，其他任何一天被法律規定的節假日，因此，銀行、商業機構，所有公共機構都在這些日子不營業。在許多國家債務到期日落在法定節假日，到期日就會延後一天，而有些則會提前一天。

☐ **法定投資儲蓄銀行 (Legal Investments for Savings Banks)**：有一句關於債權的話，人們經常在圖書和廣告中看見。大多數國家的法律強調國家投資、證券儲蓄銀行可能會調用存戶的錢，這些法律是為了保障存戶，而那些法定銀行的投資必須符合各個國家的法律規定。所有表面條件相同，一個投資人提供的兩個債券，從安全角度看，法定投資儲蓄銀行的債券會被優先考慮。

☐ **負債 (Liabilities)**：拖欠任何東西都是一種責任，他完

全可以將剩餘財產作為資產來清償債務。在企業，資本存量、應付帳款、資金和流動負債、盈餘、損失等都在財務報表中列為負債，因為這些業務都必須清查，以便股東公平地進行財產分配和獲利分紅。

☐ **抵押權（Lien）**：一項針對財產索賠的權利，參照前列「建築抵押」。

☐ **上市證券（Listed Securities）**：股票或債券在紐約或其他證券交易所上市，證券交易所有一個規定，證券必須列在能被看見板面上，儘管上市證券不一定就比沒上市的好，但它仍然博得局限於上市證券的普通投資人的青睞。首先，由於交易所規則，上市的事實保證了可能有一個更大的宣傳元素附加到該已上市公司的業務；第二，你總是能迅速確定市場價格，透過日報財經版公布當天的證券交易所交易報告。另一方面，一個非上市證券的價值僅僅是你能夠得到它，卻不能確定它的市場和市場價格。

☐ **出票人（Maker）**：這個術語是關於紙幣、支票、合約、抵押等，誰簽署了文件，對文件履行做出了承諾，誰便被稱為出票人。

☐ **保證金（Margin）**：為了透過股票經紀公司購買股票，而付部分費用給經紀人，然後在自己的名下持有股票，而對未付餘額，經紀人除收取手續費外還要額外收取款項。如果股票價格上漲，買方能夠賣一個好價錢，但如果股票下降，保證金或其他報酬可能會被取消，經紀人就會賣掉跌價股票。保證金購買股票是投機的特徵之一，不僅需要金融和股票市場的良好知識，而且需要大量的資金確保成

功，這是普通投資人無法處理的業務，除非有豐厚的家庭資產做後盾。

☐ **市場 / 在市場上 (Market/at the market)**：這種表達在金融活動的全部階段越來越普遍，是用來描述各種條件，由於跟股票和債券有密切關聯，它可以對人們在特定時間安全地買進或賣出股票有重要的參考價值，這展現了在證券和股票交易中價格的安全。

☐ **免稅 (Non-Assessable)**：在特許狀態下，由於公司虧損以至不能對某些股票分攤徵稅。然而，如果一個公司瀕臨破產，股東有必要以現金增資穩住公司陣腳，以保護投資人。

☐ **免徵稅 (Non-Taxable)**：投資而不用繳稅則被稱為免徵稅，但是，一個人應該了解自己生活的國家證券法律中有關於「非稅收」的法律。

☐ **票據 (Note)**：書面的或印刷的，由製造商或製造商授權的政府官員簽署，承諾在一定時間支付一筆款項。

☐ **票面價值 (Par)**：安全面值，不在乎市場價格如何。

☐ **點數 (Point)**：當 100 美元的票面價值上升一點，它上升 1%；在棉花和咖啡市場的一點是 1 元，所以，如果棉花價格每磅上升 0.5 分，將上升 50 點。

☐ **聯營 (Pool)**：運用集團成員對股市進行操控，為了使他們的決定有可能迫使某支股票價格上升或下跌。

☐ **特別股 (Preferred Stock)**：這是公司資本存量的一部分，比普通股吸引投資人的注意，但公司的債券利息和流

動負債必須在紅利可支付特別股持有人前清償。

- **溢價 (Premium)**：如果一支股票的面值為 100 美元，但是這個股票對投資人具有高度吸引力，以至於市場是每股 105 美元，那麼股票以溢價 5 美元出售，這就是市場價值和票面價值的區別。

- **本金 (Principal)**：一個證券的票面價值，忽略利息、價格或溢價。

- **招股說明書 (Prospectus)**：該公司出售證券的計畫和目的是以印刷品的形式提供給大眾，他們主要是為了從潛在投資人的口袋和銀行帳戶謀取錢財，在此他們每年為了自己的目的損害了成千上萬人的利益。切勿僅從招股說明書提供的描述來購買股票和債券，應該從消息靈通的、無私的人那裡得到可靠的消息。

- **代理 (Proxy)**：在同一個公司，一個股東賦予另一個股東權力來行使在股東會議上投票的權力。股東在給予他人代理時應認真思考一下。

- **公用事業 (Public Utilities)**：公共服務事業，如自來水、電話、電報、瓦斯、電力、街道鐵路等，公司的證券被稱為「公用事業」會使公司更有吸引力。

- **鐵路股票 (Rails)**：鐵路公司的股票。

- **不動產 (Real Property)**：不動產是指不能移動或者如果移動就會改變性質、損害其價值的有形財產，包括土地及其地上物，也包括物質實體及其相關權益，如建築物及土地上生長的植物。依自然性質或法律規定不可移動的土地、土地地上物、與土地尚未脫離的土地生成物、因自然

或者人力添附於土地並且不能分離的其他物，包括物質實體和依託於物質實體上的權益。

- **資源 (Resources)**：一個人或公司，任何他可以擁有的一切，都是資源。

- **投機 (Speculation)**：這個詞經常被濫用，因為投機的做法經常被濫用，真正的投機是對未來事態有一個計算，以這個計算為基礎來投資，一個企業沒有計算的過程無異於賭博。真正的投機者在國家發展中是一個獨特的因素，因為他試圖向前看，確定業務方向，然後根據他正確的設想進行投資，從這個人可以很容易地看到，成功的投機不僅需要資金，更需要一些判斷力。

- **股票息 (Stock Dividend)**：當一個公司，不是以現金支付其利潤給股東，而是發放額外的股票代替應得的現金數額，並保留擴充業務的資金，前提是它已經發放股息了。

- **證券交易所 (Stock Exchange)**：滿足股票經紀及交易商購買和出售股票的集會地點。

- **托倫斯不動產登記 (Torrens Title)**：一個由澳大利亞海關官員制定的房地產轉移系統，得到普遍使用，並得到美國 14 個州的支援，該系統設想土地登記和所有權的轉讓與股票的方式相同。

- **信託契約 (Trust Deed)**：財產所有權轉讓給一些人或公司展現對他們的信任，信託契約是利用在房地產銷售中普遍呼籲延期付款的合約計畫，據此，賣方轉移到這樣一個信託公司或銀行，直至支付已經完成時將權利轉移給買方。

- **受託人 (Trustee)**：一個人或組織處理借款人和放債人的共同利益。因此，當一個公司想透過發放債券的方式借資，出於安全考慮，房產的債券按揭是擺在受託人手中的，通常是銀行或信託公司。在某些情況下，根據貸款的合約條款，接管財產和代理債券持有人的利益是受託人的責任。

- **權證 (Warrant)**：簡單來說，是一些市鎮的官方授權，財政官為改進市政所提供的一些服務，但財政官沒有資金用以支付它，只能表明它的合法化和利率來吸引投資，註冊後它便成為一個全市負債，必須在本市徵稅。

以上，在一般情況下，是每個人都應該很熟悉的財務常識，因為它們以某種形式幫助你的家庭理財獲得成功。

官網

國家圖書館出版品預行編目資料

家庭財務管理入門：消費分析 × 儲蓄觀念 × 投資要點，細談理財觀念和盈利法則 / 埃爾伍德·洛依德（Elwood Lloyd）著，胡彧 譯. -- 第一版. --
臺北市：崧燁文化事業有限公司, 2023.01
面；　公分
POD 版
譯自：How to finance home life.
ISBN 978-626-332-922-5(平裝)
1.CST: 家庭理財
421.1　　111018751

家庭財務管理入門：消費分析 × 儲蓄觀念 × 投資要點，細談理財觀念和盈利法則

臉書

作　　著：[美] 埃爾伍德·洛依德（Elwood Lloyd）

翻　　譯：胡彧

發 行 人：黃振庭

出 版 者：崧燁文化事業有限公司

發 行 者：崧燁文化事業有限公司

E-mail：sonbookservice@gmail.com

粉 絲 頁：https://www.facebook.com/sonbookss/

網　　址：https://sonbook.net/

地　　址：台北市中正區重慶南路一段六十一號八樓 815 室
Rm. 815, 8F., No.61, Sec. 1, Chongqing S. Rd., Zhongzheng Dist., Taipei City 100, Taiwan

電　　話：(02)2370-3310　　傳　　真：(02) 2388-1990

印　　刷：京峯彩色印刷有限公司（京峰數位）

律師顧問：廣華律師事務所 張珮琦律師

-版權聲明

定　　價：320 元

發行日期：2023 年 01 月第一版

◎本書以 POD 印製

獨家贈品

親愛的讀者歡迎您選購到您喜愛的書，為了感謝您，我們提供了一份禮品，爽讀 app 的電子書無償使用三個月，近萬本書免費提供您享受閱讀的樂趣。

ios 系統　　　　　安卓系統　　　　　讀者贈品

請先依照自己的手機型號掃描安裝 APP 註冊，再掃描「讀者贈品」，複製優惠碼至 APP 內兌換

優惠碼（兌換期限 2025/12/30）
READERKUTRA86NWK

爽讀 APP

- 多元書種、萬卷書籍，電子書飽讀服務引領閱讀新浪潮！
- AI 語音助您閱讀，萬本好書任您挑選
- 領取限時優惠碼，三個月沉浸在書海中
- 固定月費無限暢讀，輕鬆打造專屬閱讀時光

不用留下個人資料，只需行動電話認證，不會有任何騷擾或詐騙電話。